U0153838

趣味力學

別萊利曼趣味科學系列

Entertaining Mechanics

Я. И. Перельман 雅科夫・伊西達洛維奇・別萊利曼／著
符其珣／譯　郭鴻典／校訂

全世界青少年最喜愛的趣味科普讀物
暢銷20多國，全世界銷量超過2000萬冊
世界經典科普名著，科普大師別萊利曼代表作

五南圖書出版公司印行

作者簡介

雅科夫·伊西達洛維奇·別萊利曼（Я. И. Перельман，1882～1942）並不是我們傳統印象中的那種「學者」，別萊利曼既沒有過科學發現，也沒有什麼特別的稱號，但是他把自己的一生都獻給了科學；他從來不認爲自己是一個作家，但是他所著的作品印刷量卻足以讓任何一個成功的作家豔羨不已。

別萊利曼誕生於俄國格羅德諾省別洛斯托克市，17 歲開始在報刊上發表作品，1909 年畢業於聖彼德堡林學院，之後便全力從事教學與科學寫作。1913～1916 年完成《趣味物理學》，這爲他後來創作的一系列趣味科學讀物奠定了基礎。1919～1923 年，他創辦了蘇聯第一份科普雜誌《在大自然的工坊裡》，並擔任主編。1925～1932 年，他擔任時代出版社理事，組織出版大量趣味科普圖書。1935 年，別萊利曼創辦並開始營運列寧格勒（聖彼德堡）「趣味科學之家」博物館，開展了廣泛的少年科學活動。在蘇聯衛國戰爭期間，別萊利曼仍然堅持爲蘇聯軍人舉辦軍事科普講座，但這也是他幾十年科普生涯的最後奉獻。在德國法西斯侵略軍圍困列寧格勒期間，這位對世界科普事業做出非凡貢獻的趣味科學大師不幸於 1942 年 3 月 16 日辭世。

別萊利曼一生共寫了 105 本書，大部分是趣味科學讀物。他的作品中許多部已經再版數十次，被翻譯成多國語言，至今依然在全球各地再版發行，深受全世界讀者的喜愛。

凡是讀過別萊利曼趣味科學讀物的人，無不爲其作品的優美、流暢、充實和趣味化而傾倒。他將文學語言與科學語言完美結合，將實際生活與科學理論巧妙聯繫，把一個問題、原理敘述得簡潔生動而又十分精確、妙趣橫生——使人忘記了自己是在讀書、學習，反倒像是在聽什麼新奇的故事。

1959 年蘇聯發射的無人月球探測器「月球 3 號」傳回了人類歷史上第一張月球背面照片，人們將照片中的一座月球環形山命名爲「別萊利曼」環形山，以紀念這位卓越的科普大師。

目錄

第 1 章　力學的基本定律　001

1.1　兩顆雞蛋的題目　002
1.2　木馬旅行記　004
1.3　常識和力學　005
1.4　船上的決鬥　006
1.5　風洞　008
1.6　疾馳中的火車　009
1.7　怎樣理解慣性定律？　011
1.8　作用和反作用　014
1.9　兩匹馬的題目　017
1.10　兩艘小船的題目　017
1.11　步行的人和火車之謎　019
1.12　怪鉛筆　021
1.13　什麼叫做「克服慣性」？　023
1.14　鐵路車輛　024

第 2 章　力和運動　025

2.1　力學公式一覽表　026
2.2　步槍的後座力　028
2.3　日常經驗和科學知識　031
2.4　月球上的大炮　033
2.5　海底的射擊　034
2.6　移動地球　036
2.7　錯誤的發明道路　041
2.8　飛行火箭的重心在哪裡？　044

第 3 章　重　力　045

3.1　懸錘和擺證明了什麼？　046
3.2　在水裡的擺　049
3.3　在斜面上　050
3.4　什麼時候「水平」線不平？　052
3.5　磁山　057
3.6　向山上流去的河　058
3.7　鐵棒的題目　060

第 4 章　落下的拋擲　063

4.1　千里靴　064
4.2　人肉炮彈　069
4.3　過危橋　075
4.4　三條路　077
4.5　四塊石頭的題目　080
4.6　兩塊石頭的題目　081
4.7　擲球遊戲　081

第 5 章 圓周運動 083

5.1 向心力 084
5.2 第一宇宙速度 087
5.3 增加體重的簡單方法 090
5.4 不安全的旋轉飛機 093
5.5 鐵路轉彎的地方 095
5.6 不是給步行的人走的道路 097
5.7 傾斜的大地 099
5.8 河流爲什麼是彎的？ 102

第 6 章 碰 撞 105

6.1 研究碰撞現象爲什麼重要？ 106
6.2 碰撞的力學 106
6.3 研究一下你的皮球 110
6.4 在槌球場上 116
6.5 「力從速度而來」 117
6.6 受得住鐵錘重擊的人 119

第 7 章 略談強度 123

7.1 關於海洋深度的測量 124
7.2 最長的懸垂線 126
7.3 最強韌的材料 128
7.4 什麼東西比頭髮更強韌？ 129
7.5 自行車架爲什麼是管子做的？ 130
7.6 七根樹枝的寓言 133

第 8 章 功、功率、能 137

8.1 許多人對功的單位還不了解的地方 138
8.2 怎樣產生1公斤重一公尺的功？ 139
8.3 怎樣計算功？ 140
8.4 拖拉機的牽引力 142
8.5 活體引擎和機械引擎 143
8.6 一百隻兔子和一隻大象 145
8.7 人類的機器奴隸 147
8.8 不老實的秤貨法 152
8.9 亞里斯多德的題目 153
8.10 易碎物品的包裝 155
8.11 是誰的能量？ 156
8.12 自動機械 159
8.13 摩擦取火 161
8.14 被溶解掉的彈簧的能 166

第 9 章 摩擦和介質阻力 169

9.1 從雪山上滑下 170
9.2 停下了引擎 171
9.3 馬車的輪子 172
9.4 火車和輪船的能量用在什麼地方？ 173

9.5 被水沖走的石塊 174
9.6 雨滴的速度 178
9.7 物體落下之謎 182
9.8 順流而下 185
9.9 舵怎樣操縱船隻？ 186
9.10 什麼時候會被雨水淋得更濕一些？ 188

第 10 章 生命環境中的力學 191

10.1 格列佛和大人國 192
10.2 河馬爲什麼笨重不靈活？ 194
10.3 陸生動物的構造 195
10.4 滅絕巨獸的命運 196
10.5 哪一個更能跳？ 197
10.6 哪一個更能飛？ 200
10.7 毫無損傷地落下 202
10.8 樹木爲什麼不長高到天頂？ 203
10.9 摘錄伽利略的著作 204

第1章 力學的基本定律

Mechanics

ଓ 1.1　兩顆雞蛋的題目

兩隻手裡各拿一顆雞蛋，把一顆向另一顆撞去（圖 1）。兩顆蛋都一樣堅硬，而且都是用同一部分互相碰撞。問哪一顆蛋會被撞破，是被撞的那一顆呢？還是去撞的那一顆？

這個問題是美國《科學和發明》雜誌提出來的。雜誌裡肯定地說：根據實驗，被撞破的蛋多半是「運動著的蛋」，換句話說，就是去撞的那一顆蛋。

對於這一點，雜誌是這樣解釋的：「由於雞蛋殼的形狀是曲面的，在碰撞的時候對那顆不動的雞蛋所加的壓力，是作用在蛋殼外面；而大家都知道，蛋殼像一切拱形的物體一樣，很能承受得住從外面來的壓力。但是，作用在運動著的蛋上的力，情形就完全不一樣了。在這裡，運動著的蛋黃和蛋白，在發生碰撞的一剎那，會從內部壓向蛋殼。而拱形的物體抵抗這種壓力的能力比抵抗外來壓力的能力要低得多，因此蛋殼就破碎了。」

這個題目引起了很多人的興趣，某銷量很大的報紙刊出此題後收到很多各種各樣的答案，無奇不有。

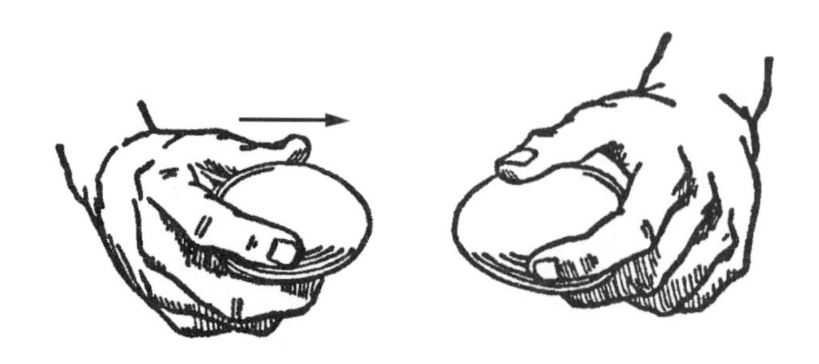

圖 1　哪一顆蛋會被撞破？

有人認爲被撞破的應該是去撞的那顆蛋，而有人卻認爲這顆蛋一定會保持完整。雙方的理由看來彷彿都很正確，其實這兩種說法卻根本都是錯誤的！這裡想討論互撞的兩顆雞蛋當中哪一顆應該會被撞破，根本是不可能的，因爲去撞的和被撞的蛋之間，其實並沒有什麼區別。我們不能說去撞的蛋是在運動的，而被撞的蛋是不動的。說它不動——是要相對什麼來說呢？假如是對地球來說，那麼，大家知道，我們的地球本身也是在群星之間運動著，而且是做著十種不同的運動呀！「被撞的」蛋跟「去撞的」蛋一樣都有著許多運動，並且誰也不能說哪一顆蛋在群星中間運動得更快一些。如果想根據動和靜的特徵來預言雞蛋的命運，那就只有翻閱全部天文學著作，確定互撞的兩顆蛋當中每一顆跟固定不動的星球的相對運動。而且，即使這樣，也還是不行，因爲各個可見的星球也是在運動著的，並且它們的整體——銀河系，也在跟別的星系相對地運動著。

看！這個雞蛋殼的題目竟把我們引到無邊無際的宇宙空間去了，而且問題還沒有接近解決。其實，不，應該說是接近了，這次星空旅行幫助了我們，使我們明白了一個重要的眞理：說物體在運動卻不指出是跟哪一個物體相對的運動，那只等於是一句廢話。單獨拿一個物體來說是沒有所謂運動的，要運動，至少要有兩個物體互相接近或互相遠離。剛才那一對互撞的雞蛋都是在相同的運動狀態之下——它們在互相接近，關於它們的運動，我們所能說的只有這些。至於碰撞的結果，卻不會因爲我們喜歡把哪一顆當做不動的或是把哪一顆當做在運動的而有所不同[1]。

1　這裡提出了一個重要的思想，這個思想在下一節裡會再清楚交代；在這裡先提一下，互撞的物體在地面上實際上並非跟外界隔絕的。比方說，雞蛋可以動得這麼快，以至空氣的壓力對它的破壞力比碰撞對它的破壞力更大；並且去撞的蛋突然停止的時候，蛋裡的蛋白和蛋黃會對蛋殼產生附加的力。

幾百年前，伽利略首先提出了等速運動和靜止的相對性，這是「經典力學裡的相對論」，讀者請勿把它和「愛因斯坦的相對論」混淆，後者是在20世紀初才提出來的，而且實際上是前面那個相對論的進一步發展。

1.2 木馬旅行記

從上節可以推斷，一個物體處於做等速直線運動的狀態，和物體處於靜止狀態而四周環境做反向的等速直線運動，這之間並沒有區別。說「物體等速運動」，和說「物體靜止著，而它四周的一切等速向相反方向運動」，等於是同一回事。嚴格來說，這兩種說法都不應該，應該要說成物體和四周環境在彼此相對地運動，這一點直到今天還不是所有學過力學和物理學的人都完全了解清楚的。可是，生活在幾百年前的《唐吉訶德》作者，雖然他並沒有讀過伽利略的著作，對這一點卻不陌生。這個認知滲透在賽凡提斯作品中有趣的一段裡，在描述光榮的騎士和他的侍從騎木馬旅行的那一段，人們向唐吉訶德說：

「請騎在馬背上，只要轉動一下馬脖子上的機關，它就會把你們從空中送到瑪朗布魯諾那裡去。可是你們得把眼睛蒙上，免得飛太高了頭暈。」

兩人蒙上眼，唐吉訶德就去擰那機關。

旁邊的人讓騎士相信他果然在空中「比射出的箭還快」地疾馳了。

「我敢發誓！」唐吉訶德向侍從說，「我一輩子沒乘過比這更平穩的坐騎，一切都好像在動，風在吹著。」

「是啊！」桑丘答道，「我這邊的風大極了，好像一千個風箱正對著我吹呢。」

事實上就是如此，因爲的確有幾個大風箱正對著他們鼓風。

賽凡提斯的木馬，實際上是今天人們想出的、在展覽會和公園裡供遊人消遣用的各種類似遊戲的原始形式。不管是木馬也好，今天的一切類似遊戲也好，都是根據靜止和等速運動在機械效果上完全不能區分的原理而來的。

1.3 常識和力學

許多人習慣把靜止和運動對立來看，就像天和地、水和火一般。可是這並沒有妨礙他們在火車上過夜，而絲毫不用關心火車是停著還是疾馳著。而這些人在理論上卻又常常堅持地反駁，不認爲疾馳的火車可以看做靜止不動，而火車底下的鐵軌、大地和整個周圍環境看做是在向反方向運動著。

「司機憑他的常識會不會接受這種說法呢？」愛因斯坦在論述這個觀點的時候問道。「司機會反對說，他在燒熱和潤滑的，不是四周環境，而是引擎；因此，他的工作結果，也就是運動，應該是表現在火車上的。」

這個論述初看彷彿很強有力，差不多是決定性的了。但是，請試想像有一條順著赤道鋪設的鐵軌，火車正向西方，往跟地球旋轉相反的方向疾馳著。那時候，四周環境便會向火車迎面奔來，而燃料只是用來使火車不被四周環境帶向後退，或者，更正確地說是幫它稍微落在四周環境向東方的運動後面。如果司機想使火車完全不參與地球的旋轉，他就得把引擎燒熱和潤滑到能夠達到每小時 2000 公里的速度。

實際上，他是找不到這樣的火車引擎的，只有噴射機可以達到這個速度。

在火車繼續維持等速運動的時候，實際上不可能確定火車和四周環境究竟是誰靜止或是誰在運動。物質世界的構造就是這樣，在任何一瞬間沒有可能絕對解決這樣的問題——究竟是等速運動還是靜止，人們只能研究一個物體跟另一個物體之間的相對等速運動，因為觀察的人本身參與到等速運動裡去並不會影響被觀察的現象和它的定律。

1.4 船上的決鬥

我們可以設想有這麼一個情況，在這種情況裡很多人實際上大概很難再去運用相對論。比方說在一艘行駛著的船的甲板上有兩個射手，互相用槍瞄準著（圖 2）。請想一下，他們兩個人所具有的條件是不是完全相同？那個背向船頭的射手會不會抱怨說，他射出的子彈要比敵人的子彈走得慢一些呢？

當然，跟海面相對地看，逆著船行方向射出的子彈是會比在靜止不動的船上飛行得慢些，而向船頭射去的子彈會飛得快些。但是這情況絲毫不影響射手所具有的條件，因為向船尾射去的子彈，它的目標正在向它迎面駛來，因此，當船在等速運動的時候，子彈所減低的速度恰好被目標迎面而來的速度補償了；至於射向船頭的子彈卻要追趕目標，而那個目標正在離開子彈，它的速度就跟子彈所增加的速度相等。

結果是，兩顆子彈跟各自的目標相對來說，其運動完全和在靜止不動的船上一樣。自然，這裡應該提醒一句，上面說的只在直線等速前進的船上才適用。

圖 2　誰的子彈先射到對手身上？

這裡可以引用伽利略所著最初談到經典相對論的那本書裡的一段（順便說明，這本書幾乎將它的主人帶上了宗教裁判所的火堆，使他差點被燒死）。

「試把自己和友人關在一艘大船甲板底下的大房間裡。假如船是在等速運動著，那麼你們就不可能馬上判斷出船是在運動著還是靜止著。你們在那裡跳遠的話，在地板上跳出的距離就和在靜止不動的船上跳出的一樣。你們不會因爲船在高速行進而向船尾跳得遠些，或向船頭跳得近些——雖說你向船尾跳的時候，當你騰空跳起的瞬間，你腳底下的地板正向著與你跳的相反方向跑去。你如果丟擲一些東西給你的同伴，你從船尾丟向船頭所花的力氣並不會比從船頭丟向船尾所花的更大……蒼蠅也會四處飛行，而不會專在靠近船尾那一邊停留」等。

現在，一般用來說明經典相對論的這一段話就變得容易理解了：「在某一個體系裡進行的運動特性，並不因爲這個體系是靜止不動還是在跟地面相對地做著等速直線運動而有所不同。」

1.5 風洞

在實際應用上，有時候根據經典相對論原理，把運動用靜止代替，或者把靜止用運動代替，常常有很多好處。爲了了解飛機或汽車行進的時候空氣阻力對它們的作用，一般都是研究它的「相反」現象：例如研究運動著的空氣流對靜止飛機的作用。在實驗室裡設置一個很大的管子風洞（圖 3），風洞裡造出一股空氣流，人們就研究這股空氣流對懸掛不動的飛機或汽車模型的作用。這樣得到的結果在實際工作上完全適用，雖然實際現象卻剛好相反：空氣不動，而飛機和汽車卻以高速在空氣裡通過。

現在已經有尺寸極大的風洞，裡面可以放置的已經不是縮小的模型，而是實際大小的、連著螺旋槳的飛機機身或中等尺寸的整部汽車了。風洞裡空氣的速度也已經可以達到聲音的速度了。

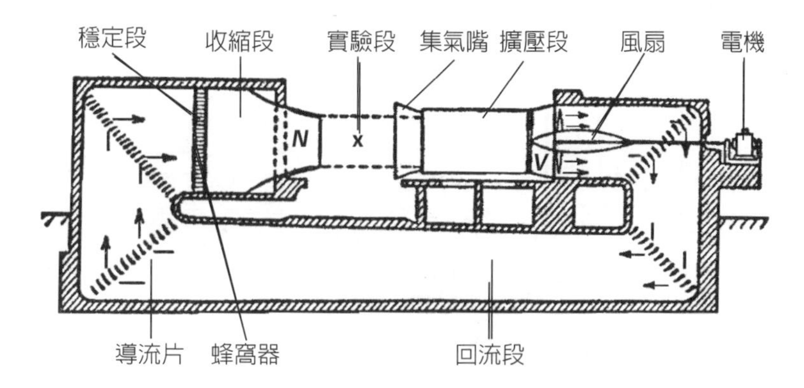

圖 3　風洞的縱截面：飛機或機翼的模型懸掛在有 × 記號的工作段裡，空氣在風扇 *V* 作用下，沿箭頭方向移動，通過狹頸 *N* 吹向實驗段，之後再吹入管子裡

1.6　疾馳中的火車

運用經典相對論的另一個極著成效的實例，可以取鐵路上的一件事：煤水車（老式蒸汽火車車頭後面裝煤和水的車廂）有時候可以在疾馳中加水。做法很巧妙，就是把一個大家都知道的機械現象「反轉過來」，這個現象是：假如把一段下端彎曲的管子直立地放到水流裡去，使彎管子的開口端迎向水流（圖 4），那麼流來的水就會流進這個所謂「畢託管」（Pitot tube）裡，並且在立管裡達到比水槽面高的水平，所高出的高度 *H* 是跟水流的速度有關。鐵路工程師把這個現象「反轉」過來：他們使彎管子在靜止的水裡移動，於是水就能升到比水池的水平面高的地方。這裡，運動由靜止來代替，而靜止卻由運動來代替。

圖 4　疾馳著的火車怎樣加水？在兩條鐵軌中間設有長長的水槽，煤水車底下的一條管子直接浸在這個槽裡。左上圖是「畢託管」，把這個水管放到流動的水裡，管子裡的水平面會高過水槽裡的水面；右上圖是疾馳著的火車所裝設的畢託管，用來給煤水車加水

火車在通過某一些車站的時候，有時需要不停下來而讓煤水車加水，在這種車站的兩條鐵軌中間會設有一條長長的水槽（圖 4）。煤水車從底部垂下一條彎管子，彎管子的開口端面向火車的運動方向。於是，水在管子裡升起以後，就能進入到疾馳著的煤水車裡（圖 4 右上）。

使用這個巧妙的方法，能夠把水提升得多高呢？在力學裡面有一個學科，稱做水力學，是專門研究液體運動的，水力學的定律告訴我們，水在畢託管裡所提升的高度，應該等於用水流的速度把物體向上垂直拋擲上去所達到的高度；假如不計算在摩擦、渦流等方面所消耗的能量的話，這個高度 H 可以用下式求出：

$$H=\frac{V^2}{2g}$$

式子裡 V 是水流速度，g 是重力加速度，等於 9.8 公尺／秒[2]。在我們所講的這個情形，水跟管子相對的速度等於火車的速度；取一個不大的速度 36 公里／小時來計算，V=10 公尺／秒[2]，因此水提升的高度是

$$H=\frac{V^2}{2\times 9.8}=\frac{100}{2\times 9.8}\approx 5\text{公尺}$$[3]

從這裡，可以明顯地看到，不管由於摩擦或其他沒有考慮到的原因所產生的損失有多大，水的提升高度是足夠用來給煤水車加滿水的。

1.7　怎樣理解慣性定律？

現在，在我們已經這麼詳細地討論了運動的相對性之後，應該對發生運動的原因——力，說幾句話。首先應該指出力的獨立作用定律，這個定律是這樣的：力對物體所起的作用，跟物體是靜止或者在慣性作用下或在別的力的作用下運動無關。

這是給經典力學奠定基礎的牛頓三定律的「第二」定律的推論。三定律的第一定律是慣性定律，第三定律是作用和反作用相等的定律。

關於牛頓第二定律，本書後面要用一整章的篇幅去討論，因此這裡只簡單談幾句。第

2　公里／小時表示每小時公里數，公尺／秒表示每秒鐘公尺數，公尺／秒^{2}是加速度的單位，就是在等加速運動裡 1 秒鐘改變的速度是 1 公尺／秒。

3　≈是表示大約相等的記號。

二定律的意思是，速度的變化，它的度量就是加速度，是跟作用力成正比的，而且跟作用力的方向相同。這個定律可以用下式表示：

$$F=m \cdot a$$

式子裡 F 是作用在物體上的力，m 是物體的質量，a 是物體的加速度。在這個式子裡的三個量當中，最難懂的是質量。人們時常把質量跟重量混淆，但是事實上質量跟重量完全不是同一件事。物體的質量可以根據它在同一個力的作用下所得到的加速度來比較，從上式可以看出，物體在這個力的作用下所得到的加速度越小，質量就越大。

慣性定律雖然跟沒有學過物理學的人習慣看法相反，卻是牛頓三定律當中最容易懂的一條[4]。可是，許多人卻往往對它完全誤解。具體地說，時常有人把慣性理解成物體「在外來原因破壞它原有狀態前保有原有狀態」的性質。這個普遍的說法把慣性定律說成原因定律了，如果沒有原因，就什麼都不會發生（也就是任何物體不會改變它的狀態）。但眞正的慣性定律並不是對於物體的一切物理狀態，而只提到靜止和運動兩種狀態。它的內容是：

一切物體都保持它的靜止狀態或直線等速狀態，直到力的作用把它從這個狀態改變爲止。這就是說，每一次當物體

1. 進入運動的時候；
2. 把自己的直線運動改變成非直線運動或進行曲線運動的時候；
3. 使自己的運動停止、變慢或加快的時候，

我們都應該得出結論說，這個物體受到了力的作用。

4　跟平常習慣看法相反的是指，慣性定律裡有一部分說：等速直線運動的物體在運動當中不需要任何外力的作用。錯誤的看法是，物體既在運動，就必然受到外力的作用，外力一旦取消，這個運動就會停止。

但是如果物體在運動當中並沒有發生上面說的三種變化的任一種，那麼，即使物體運動得再快，也沒有什麼力有在向它作用。一定要牢牢記住，凡是等速直線運動的物體，都是不在任何力的作用之下的（或是作用在它上面的幾個力互相平衡了）。現代力學的觀念跟古代和中世紀（伽利略以前）思想家們看法之間的主要區別就在這一點，在這裡，普通思維跟科學思維之間的出入極大。

上面所述同時還說明了爲什麼固定不動物體的摩擦在力學上也當做力來看待，雖說摩擦彷彿不可能產生什麼運動，而摩擦之所以是力，是因爲它阻滯運動。

這裡我們再一次指出，一切物體並不是趨向於停留在靜止狀態，而是簡單地停留在靜止狀態。這個區別就像一個足不出戶的人跟只是偶爾在家、一有點小事情就要出門的人之間的區別一樣。物體本質上根本不是「足不出戶」的人，相反，它們是有高度活動性的，因爲只要向一件自由物體加上微不足道的力量，它就會開始運動。「物體趨向於保持靜止狀態」這句話之所以不恰當，還由於物體脫離了靜止狀態以後，自己不會再回到靜止狀態上來，而是相反的永遠保持所提供給它的運動（當然這是在不存在影響運動能力的條件下）。

同樣不適當的一個經常性說法是「物體抗拒作用於它的力」。這就好比說，杯子裡的茶在往裡加入糖使之變甜時會有阻礙作用。

大多數物理和力學課本裡，不謹慎地使用了「趨向於」三個字，有關慣性的不少誤解，就是從這裡產生的。要想正確地理解牛頓第三定律，也還有不少困難，我們現在就來討論這個定律。

1.8 作用和反作用

當你打算開門的時候，把門上的手柄向自己拉過來，你臂上的肌肉會收縮，使它的兩端接近：它用相同的力量把門和你的身體互相拉近。這時候很明顯地，在你的身體和門之間作用著兩個力，一個作用在門上，另一個作用在你的身體上。如果門不是向你打開而是由你身前推開的話，所發生的情況自然也是一樣：力把門和你的身體推開。

這裡談到的關於肌肉力量的情況，對於所有各種力，都完全相同，不管那些力的本質怎麼樣，每一個力都向兩個相反的方向作用，比方說，它有兩頭（兩個力）：一頭加在我們平常所謂受力的物體上；另一頭加在我們所謂施力的物體上。這幾句話在力學裡一般說得很簡短，簡短到簡直不容易清楚地理解，那就是「作用力等於反作用力」。

這個定律的意思是——宇宙間的力都是成對的。每一次表現出有力作用的時候，你應當馬上聯想到另一個地方還有另外一個跟它相等但是方向相反的力。這兩個力必然是作用在兩個點之間，使它們接近或離開。

現在讓我們來研究作用在兒童氣球下方墜子上的三個力 P、Q 和 R（圖 5）。氣球的牽引力 P、繩子的牽引力 Q 和墜子的重量 R 這三個力，彷彿都是單獨的。但是實際上這三個力每一個都有跟它相等而方向相反的力。具體地說，跟力 P 的作用相反的力是加在繫氣球的線上的，這個力就是通過這段線傳遞到氣球上（圖 6 的力 P_1）；跟力 Q 的作用相反的力作用在手上（圖 6 的力 Q_1）；跟力 R 的作用相反的力加在地球上（圖 6 的力 R_1），墜子不但受到地球引力，同時也吸引著地球。

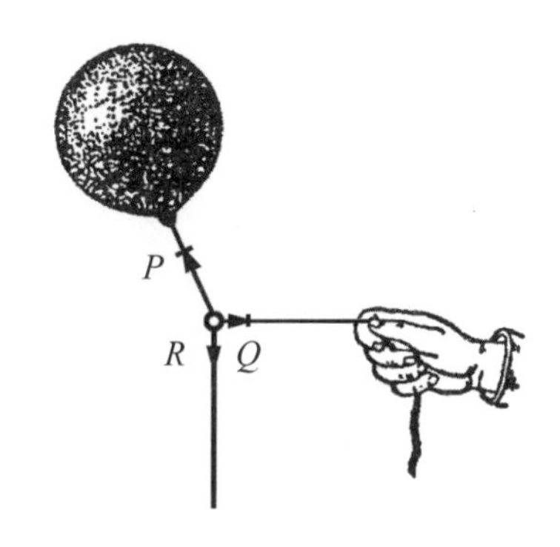

圖 5　作用在兒童氣球下方墜子上的力是 P、Q、R，問反作用力在哪裡？

還有一點值得提出。如果我們問：繩子兩端各有 1 公斤的力在向兩端拉扯的時候，繩子的張力是多少，實質上就像是在問 10 元郵票的價值是多少。問題的答案就包含在問題本身裡：繩子所受的張力是 1 公斤。說「繩子被兩個 1 公斤的力拉扯著」，或是說「繩子受到 1 公斤的張力」，完全是同一回事。因爲除掉由兩個作用方向相反的力所組成的 1 公斤的張力以外，不可能再有其他 1 公斤的張力。如果忘記這一點，就時常會造成粗心的錯誤，下面就是幾個例子。

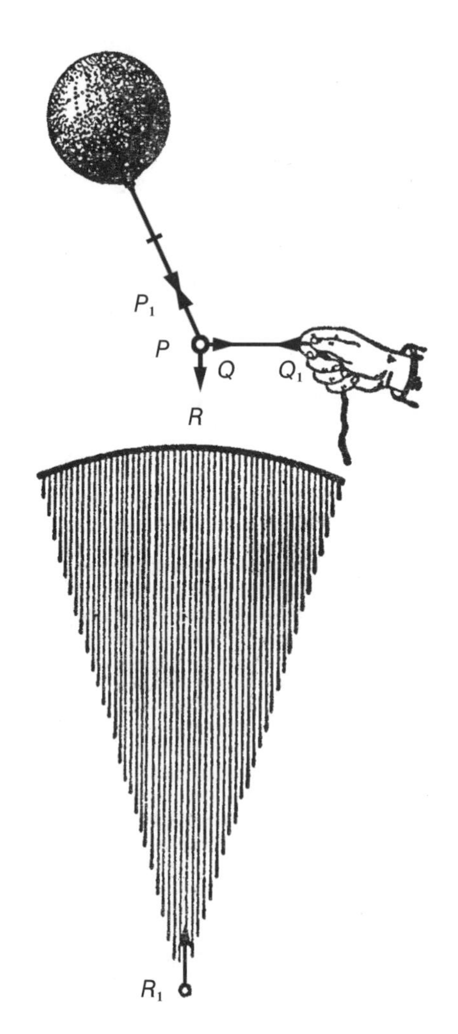

圖 6　上圖問題的解答：反作用力 P_1、Q_1 和 R_1

☙ 1.9　兩匹馬的題目

【題】兩匹馬，各用 100 公斤的力拖拉一具彈簧秤，秤的指針應該指向多少（圖 7）？

【解】許多人回答說：100+100=200 公斤。這個答案錯了，兩匹馬各用 100 公斤的力來拖拉，根據我們剛才說的，張力並不是 200 公斤，而只有 100 公斤。

圖 7　每匹馬各出了 100 公斤的力。問彈簧秤的讀數是多少？

也正是因爲這個緣故，當「馬德堡半球」的兩半邊各由八匹馬向相反方向拖拉的時候，我們不應當認爲這兩個半球所受的拉力是十六匹馬的力量。假如沒有相反作用的八匹馬，那另外八匹馬對這半球也就起不了什麼作用。其實另一邊的八匹馬若用一堵非常牢固的牆壁來代替也未嘗不可以。

☙ 1.10　兩艘小船的題目

【題】湖裡有兩艘相同的小船正在向碼頭靠近（圖 8），兩艘小船上的船夫都利用繩子把小船向碼頭拉攏。第一艘小船上繩子的一端繫在碼頭鐵柱上；第二艘小船上繩子的另一端由碼頭上的一位水手用力往碼頭上拉著。

這三個人所花的力氣都一樣。

【解】初看可能會覺得由兩個人拉的那艘小船先靠碼頭，因為雙倍的力量會產生比較大的速度。

但是，說這艘小船上作用著雙倍的力量，這個說法對不對呢？

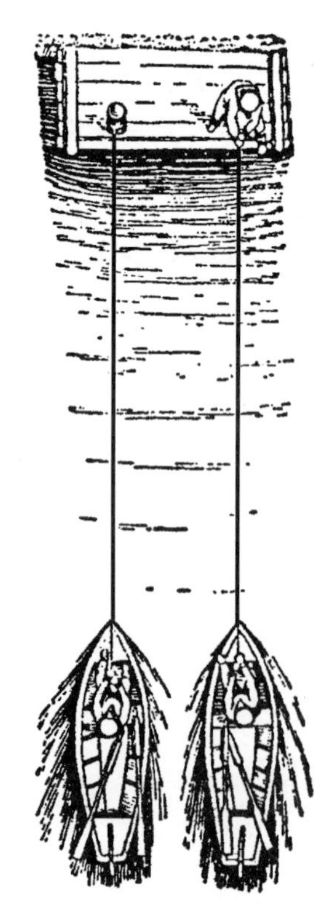

圖 8　哪一艘小船先靠碼頭？

假如小船上的船夫和碼頭上的水手各自把繩子向著自己拉緊，那麼繩子的張力實際上只等於他們當中一個人的力量，換句話說，這個張力實際上跟第一艘小船上的情形一樣。兩艘小船是在用相同的力量向碼頭上拉著，因此一定是同時靠岸的[5]。

☙ 1.11 步行的人和火車之謎

在實際生活上很常見作用力跟反作用力加在同一個物體的不同地方上，肌肉的張力或火車汽缸裡的蒸汽壓力就是這種所謂「內力」的例子。這種「內力」的特點是，它能在物體各部分相互連接的限制下，改變各部分的相互位置，但是無論如何卻不能使物體的所有部分得到一個共同的運動。步槍射擊的時候，火藥產生的氣體作用在一個方向上把子彈推向前方，但是同時這個氣體的壓力會向另一個方向作用，又使步槍後退。火藥氣體的壓力這個內力，不可能使子彈和步槍同時向前運動。

可是，既然內力不可能使整個物體移動，那麼步行的人又是怎樣行動的呢？火車又是

5　對於這樣的解法，曾經有一位讀者表示不同意，他所提出的意見，可能還會在別的讀者閱讀本書的時候發生。他說：「要想使小船靠岸，人一定要收繩子，那麼，在同一時間裡面，兩個人收的繩子當然多些，因此右邊的那艘小船會較早靠岸。」

這個簡單的論證，初看似乎是無可置辯的了，事實上卻是錯誤的。為了使小船得到雙倍的速度（否則小船靠岸就不會快一倍），兩個拉繩子的人每人要用更大的力氣來拉這艘小船。只有在這種條件下，他們才有可能把繩子收的比一個人拉的多一倍。（否則他們從哪裡取得多出來的這一段繩子呢？）但是，根據條件，已經說好「三個人所花的力氣都一樣」，既然繩子的張力相同，不管兩個人多麼努力，他們收的繩子絕不會比一個人所收的多。

怎樣行駛的呢？如果說步行的人是在腳和地面摩擦作用下行進，火車是在車輪和鐵軌摩擦作用下前進，這並沒解決這個謎。當然，要使步行的人和火車行動，摩擦是完全缺少不了的：大家知道，在很滑的冰上不可能走路（有一句流行的俗話說：「像牛在冰上一樣」），也知道在很滑的鐵軌上（例如結冰的軌道上），火車會「打滑」，就是說火車的輪子轉著，而火車卻還是停在老地方不動。可是，前面我們說摩擦會阻滯已有的運動，它又是怎樣幫助步行的人或火車動起來的呢？

這個謎解起來很是簡單。兩個內力同時作用，不可能使物體產生運動，因為這兩個力只是使物體的各個部分離開或靠攏。但是，假如有某個第三個力平衡或減弱了兩個內力當中的一個，情形又會怎樣呢？那時候就沒有什麼妨礙另一個內力去推動物體前進。摩擦正是這第三個力，它減弱了一個內力的作用，就使另一個內力能夠推動物體前進。

假設你站在很滑的表面上，例如冰面上，想走動起來，你用力想把右腳向前移出。在你身體各部分之間開始有會內力按照作用和反作用相等的定律作用，這種內力很多，但是它們的作用歸根結柢就好像兩腳受到兩個力的作用一樣，一個力 F_1 推動右腳向前，另一個力 F_2 跟第一個力大小相等而方向相反，使左腳向後。這些力作用的結果，只是使你的兩腳分開來，一隻向前，一隻向後，至於你的身體，或者說得更正確些是身體的重心，卻仍然留在原地。假如左腳站在粗糙的表面上（例如在腳底的冰上撒了一層沙），那情形就完全不一樣了。那時候作用在左腳的力 F_2 被作用在左腳底的摩擦力 F_3 所平衡（完全平衡或局部抵消），而加在右腳的力 F_1，就推動右腳向前，全身重心也就跟著向前移動（圖 9）。事實上我們走路的時候，把一隻腿向前伸，腳就抬了起來，這消除了這隻腳和地板之間的摩擦，而同時作用在另外一隻腳上的摩擦力會阻止另外這一隻腳向後滑動。

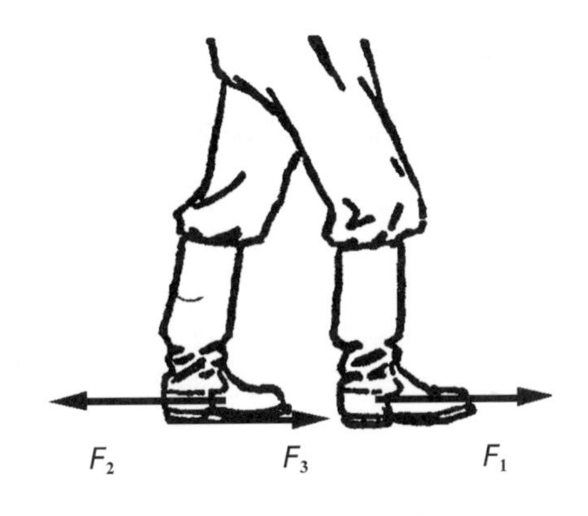

圖 9　力 F_3 使走路變成可能

對於火車，情形比較複雜一些，但是這個問題也可以歸納成這樣，作用在火車主動輪的摩擦力，跟其中一個內力相平衡，因此就有可能讓另一個內力推動火車前進。

1.12 怪鉛筆

試取一支長鉛筆，放到兩手水平伸直的食指上。然後兩指互相靠近，並且使鉛筆繼續保持水平（圖 10）。你馬上就會發現，鉛筆先在一隻手指上滑動，然後在另外一隻手指上滑動，這樣輪流下去。假如取一根更長的棒子代替鉛筆，這情形就會重複許多次。

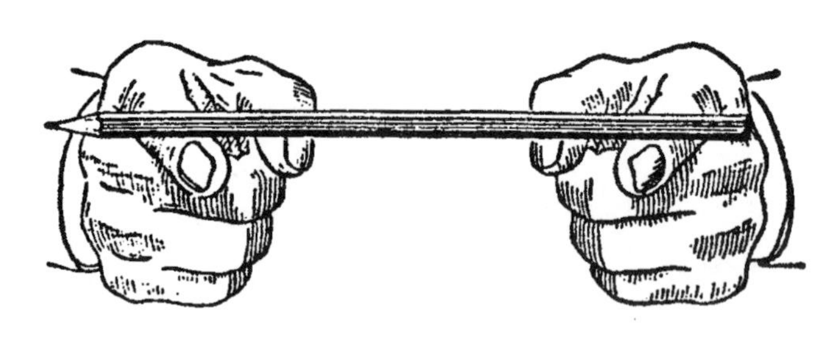

圖 10　兩指靠近的時候，鉛筆交替地向左右兩個方向移動

這個奇怪的現象要怎麼解釋呢？

有兩個定律可以幫助我們解答這個謎，一個是所謂庫侖—阿蒙頓定律，一個是說摩擦力在滑動的時候要比靜止的時候小的定律。庫侖—阿蒙頓定律斷定，摩擦力 T 在滑動開始的時候，等於某一個表示相互摩擦物體特徵的數值 μ 乘上物體加在支點上的正向力 N。這個定律可以寫成下面的數學式：

$$T=\mu \cdot N$$

現在讓我們試用這兩個定律來說明鉛筆的奇怪行動。鉛筆一開始壓在兩隻手指上的力一般是不相等的，壓在一隻手指上的力會比壓在另一隻上的大些，因此，第一隻手指上的摩擦力也比第二隻的大，這一點可以直接從庫侖—阿蒙頓公式看到。正是這個摩擦力阻礙鉛筆，不讓它在壓力比較大的支點上滑動。等到兩隻手指逐漸靠近以後，鉛筆的重心逐漸接近滑動的支點，滑動支點上的壓力也就逐漸增加，增加到跟另外一個支點上的壓力相等。但是滑動時候的摩擦力比靜止時候的小些，因此手指的滑動還要繼續一段時間。直到滑動支點上的壓力增加得很多，這個支點上的滑動才停止——逐漸增長的摩擦力使它停了下來。這時候另外一隻手指就變成滑動支點了，這個現象會繼續重複下去，兩隻手指就這樣輪流交替地做滑動支點。

☙ 1.13　什麼叫做「克服慣性」？

還有一個問題，也常常引起人們的誤會，讓我們來研究一下，作爲本章的結束。我們時常讀到或聽到，爲了使靜止的物體開始運動，首先要「克服」這個物體的「慣性」。不過我們知道，一個自由物體並不會抗拒對於要使它運動的力。那麼，這裡要「克服」的究竟是什麼呢？

所謂「克服慣性」，不過是表示這樣一個意思，就是要使得任何一個物體得到一定的速度運動，需要一定的時間。任何力量，即使是最大的力，也不可能立刻使物體得到需要的速度，不管它的質量小到什麼程度。這個意思包含在 $Ft=mv$ 這個簡單的式子裡，這個式子我們到下一章再詳談，可能讀者已經從物理課本上知道了，很明顯，當 $t=0$（時間等於零）的時候，質量和速度的乘積 mv 也等於零，因此，速度一定等於零，因爲質量永遠不會是零的。換句話說，假如不給力 F 作用的時間，這個力就不會使物體產生任何速度和任何運動。假如物體的質量很大，那就得有比較長的時間讓力量能夠使物體有顯著的運動。因此我們會感到物體並不是馬上開始運動的，彷彿它在抗拒力的作用一般。正是因爲這個緣故，人們才產生了這樣的錯覺，以爲力量在使物體運動之前，應該「克服它的慣性」，或是說克服它的惰性。

☙ 1.14 鐵路車輛

一位讀者要求幫忙解答下面的問題，許多人在讀了上節之後，或許也同樣會提出來：「爲什麼起動一輛鐵路車輛比維持正在等速前進的車輛運動更困難？」

不但更困難，而且還可以加上一句，如果力量不夠大，甚至根本不可能起動。爲了維持一輛空的車輛在水平軌道上等速前進，在潤滑情況良好的條件下，只要 15 公斤的力就夠了。可是，同樣的車輛，如果靜止地停在那裡，那麼不花上 60 公斤的力量就休想使它走動起來。

這裡不但在於要在最初的幾秒鐘裡加上額外的力量，使車輛能夠得到所需要的速度行進（這個力量並不算大），主要還因爲車輛靜止的時候潤滑程度不一樣。當車輛開始運動的時候，潤滑油還沒有均勻地分布到整個軸承上，因此想使車輛移動就非常困難。但是只要車輪轉了第一轉，潤滑情況馬上就大大改善，維持之後的運動也就變得非常容易了。

力和運動

第 2 章

Mechanics

2.1 力學公式一覽表

在這本書裡，我們常常要和力學公式碰頭。下面，我們爲學過力學但是已經忘記了這些公式的讀者列出一個簡單的表，幫助他們記起一些最重要的公式。這個表是按照乘法表的樣子編成的，行列交叉的一格裡，可以找到表頭上表示的兩個量所相乘的積（關於這些公式的論證，讀者都可以在力學課本裡找到）。

	速度 v	時間 t	質量 m	加速度 a	力 F
距離 S	——	——	——	$\frac{v^2}{2}$（等加速運動）	功$W=\frac{mv^2}{2}$
速度 v	$2aS$（等加速運動）	距離 S（等速運動）	衝量 Ft	——	功率 $P=\frac{W}{t}$
時間 t	距離 S（等速運動）	——	——	速度 v（等加速運動）	動量 mv
質量 m	衝量 Ft	——	——	力 F	——

下面用幾個例子說明這個表的用法。

把等速運動速度 v 乘時間 t，得到距離 S（公式 $S=vt$）。

把一定不變的力 F 乘距離 S，得到功 W，這個功同時也等於質量 m 和末速度 v 平方的乘積的一半：

$$W=FS=\frac{mv^2}{2}$$ [1]

使用乘法表的時候，可以找出除法的結果；同樣，從我們這個表裡也可以找出例如下面的這些關係：

等加速運動的速度 v 拿時間 t 來除，等於加速度 a（公式 $a=\frac{v}{t}$）。

力 F 拿質量 m 來除，等於加速度 a；拿加速度 a 來除，等於質量 m：

$$a=\frac{F}{m}\ ,\ m=\frac{F}{a}$$

假設在計算力學題目的時候，要計算加速度。你可以先按上表列出包含加速度的所有公式，首先是以下公式：

$$aS=\frac{v^2}{2}，v=at，F=ma$$

從這些式子裡還可以得出：

$$t^2=\frac{2S}{a}\quad 或\quad S=\frac{at^2}{2}$$

接下來可以從所列各式當中找出適合題意的公式。

假如你想列出可以用來計算力的所有式子，這個表可以提出下面這些供你選擇：

$$FS=W（功）$$

$$Fv=P（功率）$$

1　公式 $W=FS$ 只在力的作用方向和距離的方向相同的時候才適用。對於一般情況，要用比較複雜的公式 $W=FS\cos\alpha$，這裡 α 表示力的方向和距離的方向之間的夾角。同樣，公式 $W=\frac{mv^2}{2}$ 也只是在物體的初速度是 0 的最簡單情形下才適用，假如初速度等於 v_0，末速度等於 v，那麼造成這樣的速度變化所花的功，就要用公式 $W=\frac{mv^2}{2}-\frac{mv_0^2}{2}$ 表示。

$$Ft=mv\text{（動量）}$$

$$F=ma$$

這裡請不要忽略了重量 W 也是力，因此，在列出 $F=ma$ 一式的同時，還可以列出 $W=mg$，式子裡 g 代表接近地面的重力加速度。同樣，在列出 $FS=W$ 一式的同時，還可以列出 $mgh=W$，把重量 mg 的物體提高到高度 h 的時候就用這個公式。

表裡的空格表示有關量的乘積是沒有意義的。

2.2 步槍的後座力

讓我們來研究步槍的後座力，當做這個表的應用例子。槍膛裡的火藥氣體，用它的膨脹壓力把子彈推向一方，同時把槍向相反方向推動，造成大家都知道的「後退」現象。那麼，槍在後座力的作用下向後運動的速度有多大呢？讓我們把作用和反作用相等的定律找出來。根據這個定律，火藥氣體加在槍上的力（圖 11）應該等於火藥氣體加在子彈上的力，而且兩個力的作用時間相同。從表裡可以看到，力 F 和時間 t 的乘積等於動量 mv，就是等於質量 m 和它的速度 v 的乘積：

$$Ft=mv$$

這是物體由靜止狀態開始運動的情形下動量定律的數學式。這個定律比較一般的形式是：物體在一定時間裡動量的改變，等於在這段時間裡加在這個物體上力的衝量：

$$mv-mv_0=Ft$$

式子裡 v_0 是初速度，F 是一定不變的力。

圖 11　步槍射擊的時候為什麼會後退？

由於 Ft 的值對於子彈和槍都相同，它們的動量也應該相同。如果用 m 代表子彈的質量，v 代表子彈的速度，M 代表槍的質量，V 代表槍的速度，那根據剛才所說的：

$$mv = MV$$

從而

$$\frac{V}{v} = \frac{m}{M}$$

現在我們把各項的數值代入這個比例式。軍用步槍子彈的質量是 9.6 克，它的射出速度是 880 公尺 / 秒；步槍的質量是 4500 克。這樣就得到：

$$\frac{V}{880} = \frac{9.6}{4500}$$

因此，步槍的速度 V=1.9 公尺／秒。不難算出，步槍後退時候的「速度」大約是子彈的 $\frac{1}{470}$，這就是說，步槍後退時的動能只等於子彈的 $\frac{1}{470}$，但我們應該注意這一點！兩個物體的動量都是相同的，這個後座力對於不懂射擊的射手也會產生強烈的衝撞，甚至把人撞傷。

速射野戰炮重 2000 公斤，可以用 600 公尺／秒的速度把重 6 公斤的炮彈射出，這種炮的後退速度跟步槍大致相同，也是 1.9 公尺／秒。但是由於炮的質量巨大，這個運動的能量大約比步槍大 450 倍，差不多跟步槍子彈射擊時候的能量相當。舊式大炮發射的時候，整座大炮一定會向後退。現代大炮卻只有炮筒向後滑退，由炮尾末端的所謂駐鋤固定著的炮架卻仍然固定不動。海軍炮在發射的時候向後退（不是整座的炮），但是由於一種特別的裝置，後退以後會自動回到原來的位置。

讀者大概已經注意到，在我們上面舉的例子裡，動量相等的物體所有的動能卻並不一定相等。這一點自然沒有什麼奇怪的，因爲從

$$mv=MV$$

一式，完全不應該得出

$$\frac{mv^2}{2}=\frac{MV^2}{2}$$

後一個等式只有在 $v=V$ 的時候才是正確的（這一點只要把第二式用第一式除就可以得到證實）。但是一些力學基礎比較差的人，有時候卻以爲動量相等（因此也就是說衝量相等）就決定了動能相等。曾經發生過這樣的事情：有些發明家誤以為等量的功會有相等的衝量，就根據這一點想發明不需要花費一定能量就可以工作（取得功）的機器。這再一次證明一

位發明家是多麼需要好好地了解理論力學的基礎啊！

2.3　日常經驗和科學知識

研究力學的時候，叫人感到驚奇的是，有許多極其簡單的事情，科學竟跟日常生活上的感覺有極大出入。下面是一個顯著的例證，如果在一個物體上，不變地作用著同一個力，它應該有什麼樣的運動？「常識」告訴我們，這個物體一定是持續用相同的速度運動，就是做等速運動。反過來，假如一個物體在等速地運動，一般就會認爲在這個物體上始終作用著相同的力，大車、火車等的運動彷彿就證明了這一點。

然而，力學的意見卻完全不同。力學告訴我們說：一個一定不變的力所產生的不是等速運動，而是加速運動，因爲這個力量在原來已經積累起來的速度上不斷地增加著新的速度；至於等速運動的時候，物體根本就不在力的作用之下，要不然的話，它就不會進行等速運動了（參看〈怎樣理解慣性定律？〉一節）。

難道說日常生活上的觀察竟錯得這麼厲害嗎？

不，這些觀察並不完全錯誤，但是它們只是在極有限的範圍裡面的一些現象。日常的觀察是從有摩擦和介質阻力的情況下移動的物體得到的，而力學定律所說的卻是自由運動的物體。要使在摩擦情況下運動的物體有不變的速度，確實得向它加上一個一定不變的力，但是這個力不是用來使物體運動，而是用來克服對運動的阻力，也就是幫物體創造自由運動的條件（圖 12）。因此，如果說一個在有摩擦的情況下進行等速運動的物體是在一個一定不變的力的作用下，這是完全可能的。

圖 12　火車等速運動的時候，火車頭的牽引力克服了對運動的阻力

這裡我們看到了日常生活的「力學」是錯在什麼地方：原來它的論斷是從不夠完全的資料中得出來的。科學的概括卻有更為寬闊的基礎，科學的力學定律不只是從大車和火車的運動得出，還有從行星和彗星的運動得出。要想做出正確的概括，一定得擴大觀察的眼界，並且把事實跟偶然的情況分別開來，只有這樣得到的知識才能揭露現象的深邃根源，並且有效地在實踐上運用。

下面我們要來討論一些現象，從這些現象可以清楚地看出，推動一個自由物體的力的大小跟物體所得到的加速度之間的關係，這就是前面已經提到的牛頓第二定律所確定的關係。遺憾的是，這個重要的關係，在學校裡學習力學的時候，一般無法很好地體會。下面的例子雖然是一個想像的情形，但是卻可以將現象的本質看得更明確。

♋ 2.4　月球上的大炮

【題】炮兵用的大炮，在地球上可以用 900 公尺 / 秒的速度射出炮彈。現在我們想像把這座炮移置到月球上，而一切物體在月球上的重量只等於地球上的 $\frac{1}{6}$。問這座炮在那裡能夠以多少速度把炮彈射出（月球上沒有空氣而造成的區別，在此暫時不考慮）？

【解】對於這個問題，一般人通常會這樣回答：既然火藥的爆炸力量在地球上和月球上是相同的，而在月球上這個力量作用在 $\frac{1}{6}$ 重的炮彈上，那炮彈得到的速度自然比地球上的大，應該是地球上的 6 倍：900×6=5400 公尺 / 秒。也就是說，炮彈在月球上要用 5.4 公里 / 秒的速度射出。

這種看來好像正確的答案，其實卻完全錯了。

在力、加速度和重量之間，根本不存在上面這個論述所推斷的那種關係。表明牛頓第二定律的力學公式，跟力和加速度有關的不是重量，而是質量：$F=ma$。而炮彈的質量在月球上一點也沒有改變：它在月球上仍然和在地球上一樣；因此，火藥爆炸力量所產生的加速度，在月球上應該跟在地球上相同；既然加速度和距離都相同，速度自然也相同了（這一點可以從 $v=\sqrt{2aS}$ 一式看出，式子裡 S 表示炮彈在炮膛裡的運動距離）。

這樣看來，大炮在月球上射出炮彈的初速度完全和在地球上一樣，至於在月球上這顆炮彈能夠射到多遠或多高，那是另外一個問題了。在這個問題上，月球上重力的減少起著重大的作用。

舉例來說，在月球上用 900 公尺／秒速度豎直向上射出的炮彈，達到的高度可以從下式求出：

$$aS=\frac{v^2}{2}$$

這個式子是我們從前面的表裡（見第 26 頁）找出來的。由於月球上的重力加速度比地球上小，只有地球上的 $\frac{1}{6}$，就是 $a=\frac{g}{6}$，上式可以寫成：

$$\frac{gS}{6}=\frac{v^2}{2}$$

從而炮彈上升距離是

$$S=6\times\frac{v^2}{2g}$$

如果是在地球上（在沒有大氣的條件下）：

$$S=\frac{v^2}{2g}$$

可見得月球上大炮射出炮彈的高度應該是地球上的 6 倍（這裡空氣的阻力並沒有計算在內），雖說這兩個情況下炮彈的初速度是一樣的。

☙ 2.5 海底的射擊

【題】海洋裡最深的地方之一在菲律賓群島棉蘭老島附近，深度大約有 11000 公尺。

假設在這個深淵底部有一支上好了子彈的氣槍，它的槍膛裡有壓縮的空氣。問，如果扳動扳機，子彈會不會從這支氣槍射出？（假定它的子彈的射出速度和七星手槍一樣，就是 270 公尺 / 秒。）

【解】子彈在「射出」的一瞬間，受到兩個相反壓力的作用：水的壓力和壓縮空氣的壓力。假如水的壓力比空氣的壓力大，子彈就射不出去，否則就能射出。因此，應該把兩個壓力算出來比較一下，作用在子彈上的水的壓力可以這樣算出：每 10 公尺水柱的壓力相當於一個大氣壓，就是每平方公分 1 公斤的壓力。因此，11000 公尺水柱產生的壓力是每平方公分 1100 公斤。

假設這支氣槍的口徑（槍膛直徑）跟一般的七星手槍相同，就是 0.7 公分，那麼它的截面積是

$$\frac{1}{4}\times 3.14\times 0.7^2=0.38\text{平方公分}$$

在這個面積上水的作用力等於：

$$1100\times 0.38=418\text{公斤重}$$

現在來算一下壓縮空氣的壓力。首先要假定子彈在槍膛裡的運動是等加速運動，並且求出它在槍膛裡的平均加速度（在一般情況下的）。實際上這個運動當然不會是等加速的，這樣假設只是爲了使演算簡化。

從第 26 頁的表裡可以找到下式：

$$v^2=2aS$$

式子裡 v 是子彈在槍口的速度，a 是所要求的加速度，S 是子彈在壓縮空氣作用下所走過的距離，就是槍膛的長度，假定是 22 公分。把 v =270 公尺 / 秒 =27000 公分 / 秒和 S=22 公分代入式子裡，得到：

$$27000^2=2a\times 22$$

從而推算出：

$$a=16500000\text{公分 / 秒}^2$$

這個加速度很大，但是我們用不著驚奇，因爲在一般情況下，子彈是用很少的時間跑完槍膛全程的。知道了子彈的加速度，並且假定它的質量是 7 克，就可以用 $F=ma$ 的式子求出產生這個加速度的力來：

$$F=7\times 16500000=115500000\text{達因}=1150\text{牛頓}$$

1 公斤的力大概等於 1000000 達因，因此，空氣作用在子彈上的力大約是 115 公斤。

這樣，在發射的一瞬間，子彈受到 115 公斤的力的推動，但是又受到 418 公斤水的力往相反方向作用。從這裡可以看出，子彈非但射不出來，反而還要被水的壓力更深地壓進槍膛裡去。這種壓力在氣槍裡自然產生不出來，但是在現代技術之下，造出能跟七星手槍「競爭」的氣槍，卻是可能的。

2.6 移動地球

對力學沒有充分研究的人們之間，流傳著一種看法，認爲小的力量不可能移動質量極大的自由物體。這又是一個「常識性」的錯誤。力學給我們證明了這麼一回事：一切力量，即使是最微不足道的力量，都能使每一件物體，即使是極重的物體（只要這是個自由物體），產生運動。事實上，我們已經不止一次地利用了含有這個意思的公式：

$$F=ma$$

從而延伸爲

$$a=\frac{F}{m}$$

後一個式子告訴我們，加速度只能在力 F 是 0 的時候才等於 0。因此一切力量應該能使任一自由物體運動。

但是，在我們四周的情況下，我們並非總是可以看到這個定律的證明。原因是有摩擦的存在，一般來說就是對運動的阻力。換句話說，是由於我們很少會跟自由物體打交道；我們所看到的物體運動，幾乎都不是自由的。要想在摩擦條件下使物體運動，就得加上比摩擦力更大的力量。如果想用手在乾燥的橡木地板上推動一個橡木櫃，至少要花費櫃重 $\frac{1}{3}$ 的力量，這是因爲橡木櫃跟橡木地板之間的摩擦力（乾燥的）大約相當於物體重量的 34%。但是如果根本沒有摩擦力，那就只要一個小孩子用手指輕輕一推，沉重的櫃子就會被推動了。

大自然裡完全自由的物體，指的就是不受到摩擦和介質阻力的作用而運動的物體，但數目不多，屬於這類物體的有一些天體如：太陽、月球、行星，包括我們的地球。這是不是代表，人類能夠單憑肌肉力量推動地球呢？自然是如此，當你自己運動，同時也就帶動了地球運動！

例如，當我們從地球表面跳起的時候，我們使自己的身體得到了速度，同時也使地球向相反方向運動。可是這時會發現一個問題：地球的這個運動，速度是多少？根據作用和反作用相等的定律，我們加在地球上的力量，等於把我們的身體向上拋起的力量。因此，這兩個力的衝量也相等，既然這樣，我們的身體和地球所得到的動量大小也就相等。如果用 M 代表地球的質量，用 V 代表地球得到的速度，m 代表人體的質量，v 代表人體的速度，那就可以寫成：

$$MV=mv$$

從而

$$V=\frac{m}{M}v$$

由於地球的質量比人體的質量大了不知道多少，因此我們給地球的速度一定比人從地球跳起的速度小了不知道多少。我們說「大了不知道多少」、「小了不知道多少」，當然不能真的照這兩句話的字面上意思來解釋。地球的質量是測量得出的[2]，因此它在某一個情況下的速度也是可以求出的。

地球的質量大約是 6×10^{27} 克，人的質量 m 假定是 60 公斤，也就是 6×10^{4} 克，那麼 $\frac{m}{M}$ 的比值是 $\frac{1}{10^{23}}$ ，這就是說，地球的速度等於人跳起的速度的 $\frac{1}{10^{23}}$ 。假設一個人跳的高度 h=1 公尺，那麼他的初速度可以從下式求出：

$$v=\sqrt{2gh}$$

2　關於這一點，可參閱作者的《趣味天文學》裡〈怎麼秤地球的重量？〉一節。

就是

$$v=\sqrt{2\times981\times100}\approx440\text{公分 / 秒}$$

而地球的速度是

$$V=\frac{440}{10^{23}}=\frac{4.4}{10^{21}}\text{ 公分 / 秒}$$

這個數目之小，簡直無法想像，但是它終究不是0。如果想要得到關於這個量的概念（哪怕是間接），先讓我們假設地球得到這個速度以後，一直保持著這個速度極長的一段時間，例如保持十億年（根據一些資料可以推測，地球的壽命不比這個數目小）。在這段時間裡地球會移動多少距離呢？這個距離可以用下式算出：

$$S=vt$$

取

$$t=10^9\times365\times24\times60\times60\approx31\times10^{15}\text{秒}$$

得到：

$$S=\frac{4.4}{10^{21}}\times31\times10^{15}=\frac{14}{10^5}\text{ 公分}$$

把這個距離用微米（$\frac{1}{1000}$毫米）來表示，得到

$$S=\frac{14}{10}\text{微米}$$

結果是，我們求出來的速度竟是這麼小，假如地球用這個速度在十億年裡面等速地運動，地球所移動的距離也還不到$\frac{1}{6}$微米，這個距離仍是肉眼所不能辨別的。

實際上，地球由於人腳碰撞所得到的速度，並沒有保存下來。人的雙腳剛一離開地球，他的運動就在地球引力的作用下開始減低。而假如地球用 60 公斤的力吸引人體，人體也就用同樣的力吸引地球，因此隨著人體速度的減低，地球所得到的速度也就隨著減低，這兩個速度同時變為 0。

這樣看來，人能夠在很短的時間裡給地球一個速度，儘管這個速度非常之小；但是人還是無法引起地球的移動。人是可以用自己肌肉的力量使地球移動的，但有一個條件，就是找到一個跟地球沒有聯繫的支點，就像圖 13 的想像圖那樣。但是，無論這位藝術家的想像力多麼豐富，還不能說明，那人的雙腳究竟是依附在什麼地方。

圖 13　人可以使地球移動，只要找到一個跟地球沒有聯繫的支點

2.7 錯誤的發明道路

發明家要是想在技術上發明些什麼，又不想陷在徒勞無功的空想裡面，就應該經常讓自己的思考受到力學嚴密定律的指導。不應該認爲，發明思考所不能違背的唯一共同原則只有能量守恆定律。實際上還有另外一個定律，如果忽視的話，也常會使發明家鑽牛角尖，徒勞無功地消耗自己的精力，那就是重心運動定律。

這個定律斷定，物體（或物體系統）重心的運動，不可能只因爲內力的作用就改變。假如飛馳著的炮彈爆炸了，那麼在爆開的碎片到達地面之前，它們的重心仍然會沿著炮彈重心所移動的那條路線移動（假如不計算空氣的阻力的話）。有一個特別的情形，就是假如物體的重心最初是在靜止狀態的（就是說物體本來是靜止不動的），那麼任何內力都不可能使它的重心移動。

上一節我們談到，人在地球上不可能用自己的肌肉力量使地球移動，這也可以使用重心運動定律來解釋。

人作用在地球上的力和地球作用在人體上的力，都是內力，因此它們不能夠引起地球和人體的共同重心移動。當人回到他在地球表面的原來位置的時候，地球也回到了它原來的位置。

下面是一個有教育意義的例子——一種完全新型的飛行器設計，這個例子說明如果忽視前面說的那個定律，會使發明家走入什麼樣的迷途。「請想像」發明家說，「有一支閉合的管子（圖 14），它由兩部分組成：水平的直線部分 $\overline{AB}$ 和它上面的弧線部分 ACB。管子裡盛有一種液體，不停地向一個方向流動（由裝在管子裡的螺旋槳推動）。液體在管子

的弧線部分 ACB 裡流動的時候，會產生離心力，壓向管子的外壁。於是就產生一定的力量 P（圖 15），這個力量的方向向上，它不受到其它相反方向作用的力，因爲液體在直線管子 $\overline{AB}$ 裡的流動並沒有產生離心力。」發明家從這裡做出結論：在水流速度足夠大的時候，力量 P 應當把整個裝置牽引向上抬起。

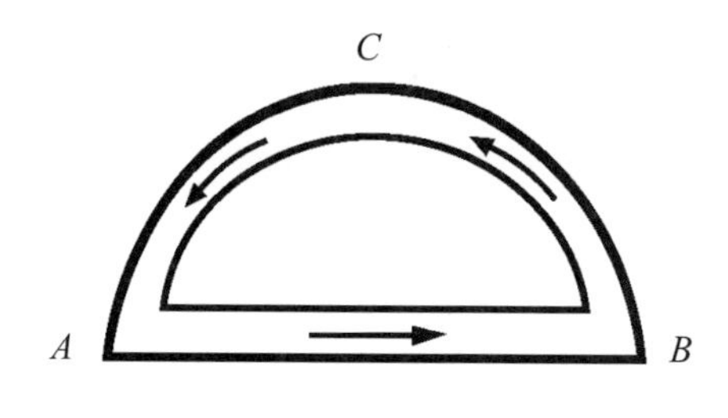

圖 14　新型飛行器的設計

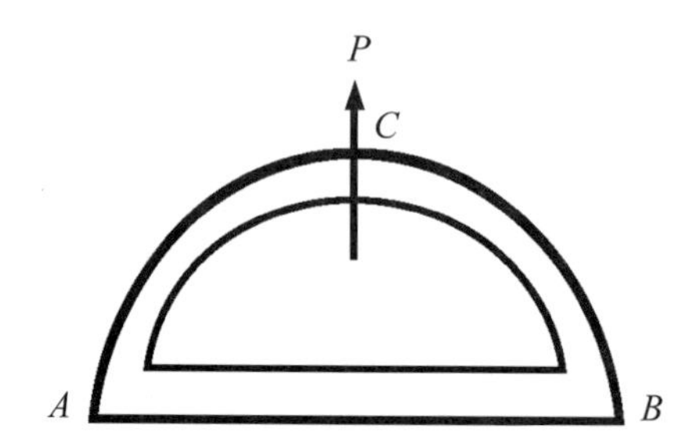

圖 15　力量 P 應當把整個裝置牽引向上抬起

發明家的這個想法對嗎？我們甚至不必深入研究這個裝置，就可以預先肯定它不會動。實際上，由於這裡的作用力都屬於內力，它們是不可能使整個系統（管子、所盛液體和使液體流動的機械）的重心移動的。因此，這部機器就不可能得到一般的前進運動。發明家的論證裡有某種錯誤、某種重大的疏忽。

他的錯誤究竟在哪裡，也不難指出。設計的人沒有注意到，離心力不但應該發生在液體流動路徑的弧線部分 *ACB*，而且還會產生在水流轉彎地方的 *A*、*B* 兩點（圖 16）。這裡的曲線路徑雖然不長，但是彎卻轉得很陡急（曲率半徑很小）。而我們知道轉彎越急（曲率半徑越小），離心效應也越大。因此，在轉彎的地方應該還有兩個力量——*Q* 和 *R* 向外作用，這兩個力的合力向下作用，把力量 *P* 平衡了。但發明家卻把這兩個力遺漏了，其實，即使沒有注意這兩個力，假如他已經知道重心運動定律的話，也會明白自己的設計是不實際的。

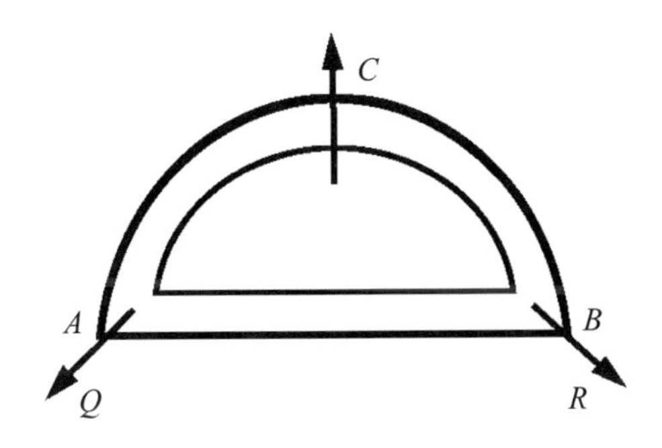

圖 16　為什麼這裝置飛不起來？

義大利的達文西在四百年前的一句話說得很對，他說：「力學的定律抑制了工程師和發明家，使他們不會把不可能的東西允諾給自己或別人。」

2.8 飛行火箭的重心在哪裡？

人們可能會認爲，動力強勁的噴射引擎破壞了重心運動定律。星際航行家想使火箭飛到月球——在內力的作用下飛到月球。但是，很明顯的，火箭會把它的重心也一起帶到月球上去，在這種情況下，我們的定律該怎麼說呢？火箭的重心在飛出之前是在地球上的，而如今它卻跑到月球上去，對於重心運動定律的破壞，沒有比這更明顯的了！

有什麼能駁倒這種論證嗎？有的，那就是以上的論證是產生在誤會的基礎上。假如火箭噴出的氣體不碰到地面，那就很明顯，火箭根本不會把自己的重心和自己一起帶到月球上去。飛到月球上的只是火箭的一部分，其餘部分（如燃燒的產物）卻向相反方向運動，因此整個系統的質量中心[3]仍然停留在火箭起飛以前的老地方。

現在，讓我們注意一個事實，就是噴出的氣體並不是毫無阻礙地運動，而是衝擊到地球上的。這樣一來，就把整個地球含括到火箭系統裡了，因此應該談地球—火箭這個巨大系統的慣性中心是不是留在原地的問題。由於氣流對地球（或者地球上的大氣）的衝擊，地球略略有了移動，它的質量中心往火箭運動的相反方向移動了一些。但是地球的質量比火箭質量大得太多了，所以最微小的、實際上捉摸不到的地球移動，已經足夠把地球—火箭系統重心由於火箭向月球飛行所產生的移動抵消了。若地球與月球間的距離爲 d，當火箭由地球飛向月球時，地球移動的距離 =（火箭的質量除以地球的質量）× d（相差幾百萬億倍！）。

這裡我們看到，即使在這種特別的情況下，質量中心運動定律也並沒有失去它的意義。

3　假如所講到的是由幾個物體或許多粒子組成的系統，力學上一般不稱作它的重心，而是稱為系統的質量中心。如果整個系統跟地球相比很小，可以認為質量中心跟重心相合。

第3章

重 力

Mechanics

3.1 懸錘和擺證明了什麼？

懸錘和擺，無疑是科學上採用的各種儀器當中最簡單的一種（至少在思考上是這樣）。最使人驚奇的是，利用這麼簡單的工具，竟能得到簡直神話般的結果：在它們的幫助之下，人們的思考能夠深入到地球的核心，能知道我們腳底下幾十公里深處的情況。我們非常珍視科學的這個功績，因爲世界上最深的鑽井也不超過幾公里，還遠不及在地面上的懸錘和擺所探測的深度。

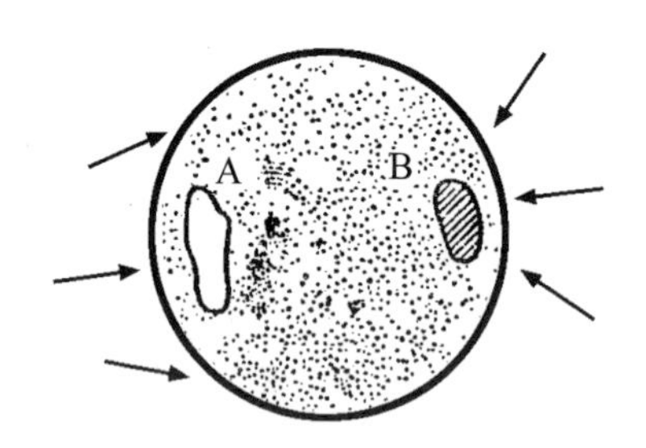

圖 17　地層裡的空隙 *A* 和密層 *B*，都能使懸錘偏斜

使懸錘有這種用途的力學原理並不難理解，假如地球完全是均勻的，懸錘在任何一個地點上的方向就可以用計算方法算出來。但是地球表面或深處的質量分布並不均勻，這就改變了這個理論上懸錘的方向（圖 17）。例如，在高山附近，懸錘會稍稍向山的一面偏斜，山離得越近、山的質量越大，懸錘偏斜得也越厲害（圖 18）。相反地，地層裡的空隙會對懸錘起一種彷彿排斥的作用：懸錘會被四周質量吸引到相反的方向去（這時候排斥力的大小，等於空隙被填滿時這些填充物的質量所應該產生的引力）。懸錘還不只是被空隙所排

斥，只要蘊藏的物質密度比地球基本地層的密度小，懸錘就會受到排斥，只是排斥力比較小些。這樣我們知道，懸錘可以用來做工具，幫助我們判斷地球內部的構造。

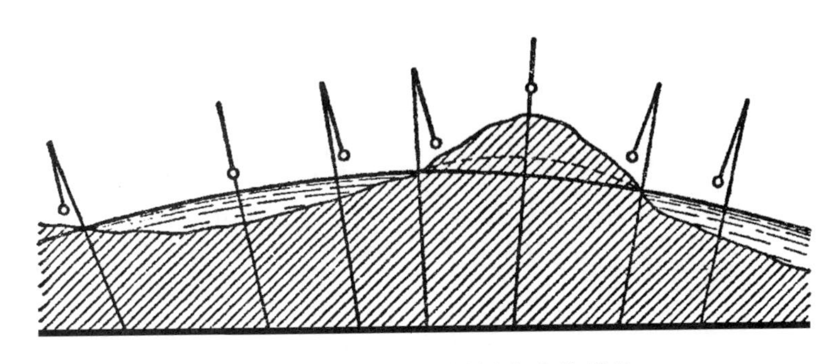

圖 18 地面高低和懸錘方向的變化

在這方面，擺有更大的功用。這個儀器有以下的性能：如果擺動的幅度不超過幾度，它每一次擺動的時間（週期）幾乎跟擺幅的大小無關，也就是說無論擺動大小，擺的週期都相同。擺的週期是受到另外一些因素影響的——擺的長度和地球的這個位置上的重力加速度。小擺動的時候，每一次全擺動（擺過來又擺過去）所需的時間，也就是週期 T，跟擺長 l 和重力加速度 g 之間的關係就像下式：

$$T=2\pi\sqrt{\frac{l}{g}}$$

假如擺長 l 用公尺計算，重力加速度 g 就應該取公尺 / 秒 ^{2} 爲單位。

研究地層構造的時候，如果使用「秒擺」，就是每秒擺動一次（向一個方向擺動一次，一來一去算兩次）的擺，那就應該有下面這個關係：

$$\pi\sqrt{\frac{l}{g}}=1$$

所以

$$l=\frac{g}{\pi^2}$$

顯然，重力的一切變動都會影響到這種擺的長度：一定要把它的長度增加或縮短，才能準確地一秒鐘擺動一次。小到原來重力的 $\frac{1}{10000}$ 的重力變化，也可以用這種方法探得。

我不打算描述使用懸錘和擺來進行這類研究的技術（這個技術比我們所能想像的複雜得多），這裡我只打算指出幾個最有趣的結果。

乍看彷彿懸錘在海岸邊應該偏向大陸，如同它偏向山脈的情況一樣。但是實驗沒有證實這種想法，實驗證明，海洋和海島上的重力作用要比海岸邊大，而海岸邊又比離海岸遠的陸地上大。這說明什麼呢？很顯然，這說明組成大陸底下地層的物質比海洋下的輕。地質學家就是根據這些物理事實給我們的珍貴指示，來推測組成我們這個行星外殼的岩石。

這一種研究方法，在查明所謂「地磁異常區」的原因時，起了不可代替的作用。

物理學在許多離它彷彿很遠的其他學科裡的實際應用還有許多例子，這就是這些例子當中的兩個。

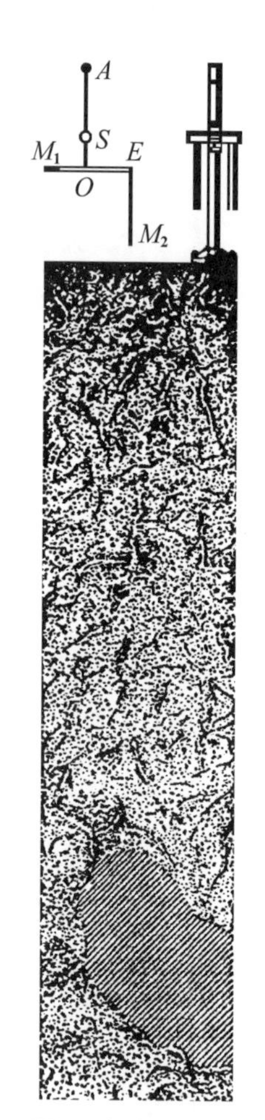

圖 19　右上是可變引力；左上是儀器構造的示意圖

目前科學上還有另一種精確記錄重力異常的方法。我們地球不是準確的球形，構造上也不是絕對均勻，這些都影響到人造地球衛星的運動。人造地球衛星在山脈上空或地質密度很大的地方上空飛行的時候，從理論上說，它應該被這些比較大的質量的吸引而略爲下降，運動速度則應有所增加。固然這個效應實際上只有當衛星在地面以上相當高的高空飛行時才能記錄得到，因爲那裡的大氣阻力才不致影響衛星的正常運動。

ଓ 3.2 在水裡的擺

【題】試設想掛鐘的鐘擺在水裡擺動，它的擺錘是「流線」形的，可以使水對擺錘的阻力幾乎減低到零。問擺的擺動週期比在水外的時候長些還是短些？簡單地說，也就是擺在水裡擺動得比在空氣裡快些還是慢些？

【解】擺既然在阻力極小的介質裡擺動，好像沒有什麼會顯著地改變它的擺動速度的。可是實驗告訴我們，在這種條件下，擺的擺動比介質阻力所能解釋的還要慢。

這個初看像謎一樣的現象，是這樣解釋的：水對浸在水裡的物體有排擠作用，這個作用彷彿減少了擺的重量，卻沒有變動它的質量。因此，擺在水裡的情況就跟我們假定把擺放到重力加速度比較弱的另外一個行星上的情況完全相同。從前面所舉的公式：$T=2\pi\sqrt{\frac{l}{g}}$，可知重力加速度減低的時候，擺動週期 T 應該增長，就是擺會擺動得慢些。

3.3 在斜面上

【題】 斜面上放著一個裝水的容器（圖 20）。容器不動的時候，水面 $\overline{AB}$ 當然是水平的。但是如果使容器從潤滑得極好的斜面 $\overline{CD}$ 上滑下去，問容器裡的水面在滑動的時候是不是仍然保持水平？

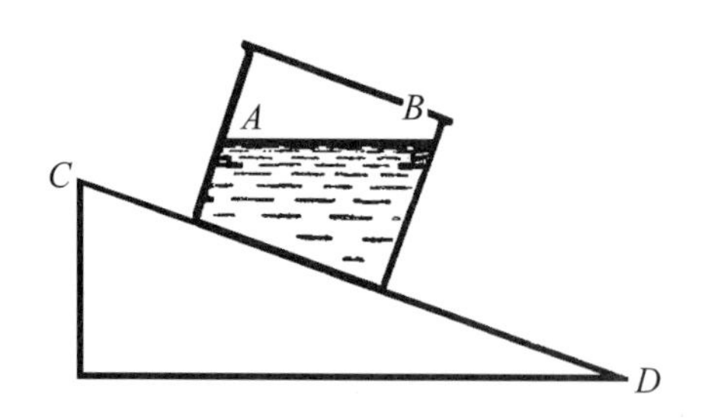

圖 20　盛水的容器沿斜面滑動，問水面會變成什麼樣？

【解】 實驗告訴我們，在沿著斜面沒有摩擦地運動的容器裡，水面跟斜面平行。下面說明它的原因。

每個分子的重量 P（圖 21）可以分解成兩個分力 Q 和 R。

R 使水和容器沿斜面 $\overline{CD}$ 移動，這時候水分子對容器壁所加的壓力和靜止的時候相同（因為容器和水的運動速度相同）。至於分力 Q，卻使水分子壓向容器的底。各個 Q 力對水的作用，就和重力對一切靜止液體的分子的作用相同，因此水面跟 Q 力垂直，就是跟斜面長度平行。

那麼，水的容器（比方說由於摩擦作用）從斜面上用等速度滑下去，它的水面會變成什麼樣呢？

不難想到，水面在這種水箱裡不是傾斜的，而是水平的。單從下面這一點就已經可以看出：等速運動不可能在機械現象方面產生任何跟靜止狀態不同的變化（經典相對論）。

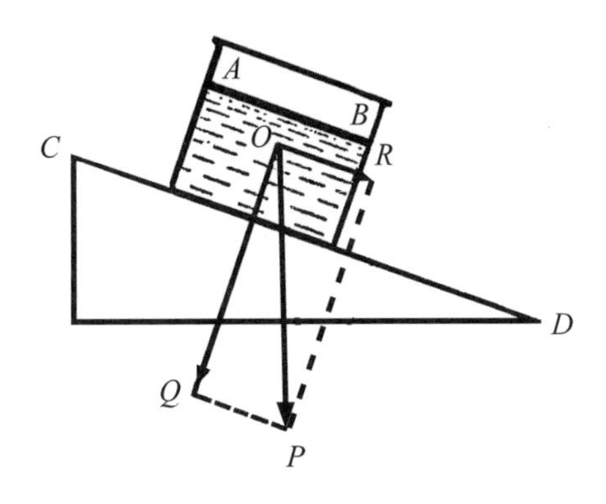

圖 21　圖 20 的答案

那麼，用上面的解釋也可以解釋得通嗎？當然解釋得通。因爲當容器在斜面上等速運動的時候，容器壁的分子並沒有什麼加速度；至於容器裡的水分子，在 R 力的作用下，就要用 R 力壓向容器的前壁。因此，水的每個分子是在兩個壓力 R 和 Q 的作用之下，這兩個壓力的合力正就是分子的重量 P，沿垂直方向作用，這就是水面在這個情況下之所以是水平的道理。只有在運動剛開始，當容器在達到不變的速度以前還在加速地運動的時候[1]，水面在短時間內是傾斜的。

1　應該記住，物體不會一下子就達到等速運動：它從靜止直到等速運動的時候，會經過一段加速運動的過程，雖說這個過程時間極短。

3.4 什麼時候「水平」線不平？

假如在沒有摩擦情況下滑的容器裡面裝的不是水，而是人，手裡還拿著一具木匠用的水平儀，他會看到一個奇怪的現象。他的身體跟靜止的時候貼向水平的容器底一樣地貼向傾斜的容器底（只是力量小些）。因此，對於這個人來說，容器底的傾斜面彷彿是水平的。而在運動開始以前他原本認為是水平的方向，現在看來卻已經成了傾斜的。在他的面前會是一幅極不尋常的景像：房屋、樹木是歪斜的，池塘的水面傾斜地向遠處展開，所有的景物也都是歪斜的。假如這位受驚的「旅客」不肯相信自己的眼睛，把水平儀放到容器底上，這具儀器也告訴他說，容器底是水平的。因為對於這個人來說，他的「水平」方向跟一般說的水平不一樣。

總而言之，無論什麼時候，只要我們不意識到我們的身體跟鉛直狀態有了偏斜，我們就會認為周圍的物體都是傾斜的。飛行員在駕駛飛機轉彎的時候，或是人騎在旋轉木馬上的時候，都覺得整個環境彷彿是傾斜的。

一片完全水平的地板，有時候甚至當你不是在傾斜的道路上運動，而是在嚴格水平的道路上前進，在你看來也彷彿會失去它的水平狀態。比如說，當火車進站或從車站開出的時候就有這種情形——一般來說，凡是車輛做減速或加速運動的時候，都會有這種情形發生。

當火車開始逐漸減低速度的時候，可以觀察到一個奇異現象：我們會覺得地板往火車運動方向上低了下去，當我們在火車裡向火車前進的方向行走的時候，我們彷彿正在向低處走去，而當我們在火車裡向火車前進的相反方向行走的時候，我們彷彿在往高處走去。至於火車從車站開出的時候，地板卻彷彿向運動相反的方向傾斜。

我們可以做一個實驗，來說明地板平面爲何像是跟水平面有著傾斜的原因。做這個實驗只要有一個盛著黏滯液體（例如甘油）的杯子就夠了：火車加速行進的時候，液體的表面會顯出傾斜的樣子。無疑地，你們一定不只一次有過機會在車輛排水槽裡看到類似的現象：當火車在雨中進站的時候，車頂排水槽裡積存的雨水就流向前方，而在火車開車的時候卻流向後方。水之所以會這樣流，是因爲水面在跟火車加速度方向相反的那一邊升高的緣故。

讓我們來研究一下這個有趣現象的原因。這裡我們不打算從一個在火車以外靜止觀察的人的觀點來研究，而要從坐在火車裡的人的觀點來研究，坐在火車裡的人親身參與這個加速度運動，因此他和一切觀察到的現象相對地來說，就彷彿他自己是在靜止的狀態。當火車加速度運動而我們自認是在靜止狀態的時候，我們對車輛後壁加到身體上的壓力（或座位對身體帶動向前的作用）的感覺，就像是我們自己用相等的力靠到車壁（或帶動我們的座位）。我們彷彿受到兩個力的作用：跟火車運動方向相反的力 R（圖 22），和把我們壓向地板的體重 P。兩個力的合力 Q 就是我們在這種情況認爲鉛直的方向。跟這個新的鉛直方向垂直的方向 $\overline{MN}$ 對我們來說就好像是水平的。因此原來的水平方向 $\overline{OR}$ 就彷彿變成向運動方向升起，而在相反方向卻好像降低了似的（圖 23）。

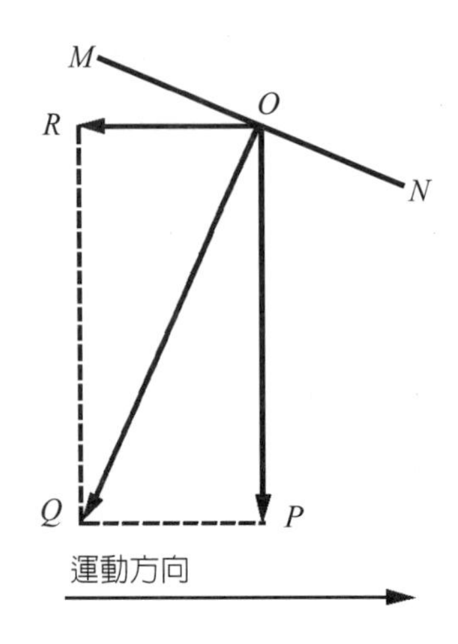

圖 22　物體在起動的火車裡受到哪些力的作用？

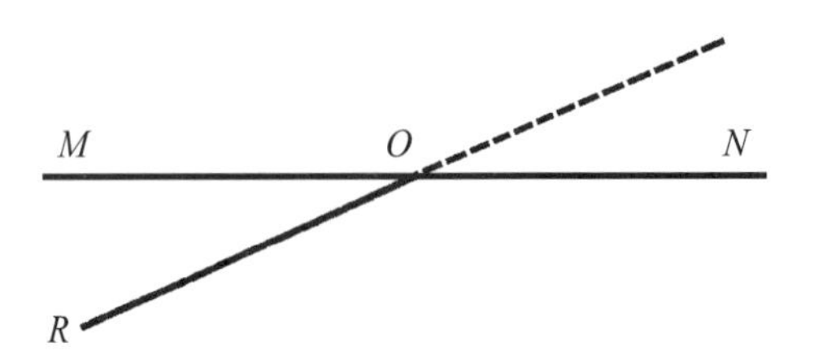

圖 23　為什麼火車起動的時候地板彷彿變成傾斜了？

在這種條件下，盛在碟子裡的液體運動方向會發生什麼事情呢？你知道新的「水平」方向並不跟液體原來的水平面一致，而是沿 $\overline{MN}$ 線的（圖 24 上）。這可以很清楚地從圖上看到，圖上箭頭表示車行的方向。在開車的時候車裡所發生的一切現象，只要設想車輛按照新的「水平」位置傾斜著的話（圖 24 下），就不難弄清楚。現在，水爲什麼應該從碟子的後緣（或排水槽的後端）溢出的原因，已經很明顯了。同樣，你可以懂得爲什麼站在車裡的乘客這時候會向後仰倒（圖 25）。這個大家都知道的事實一般都解釋爲兩腳被車輛地板帶動了，但是人的頭部和身體卻還停留在靜止狀態。

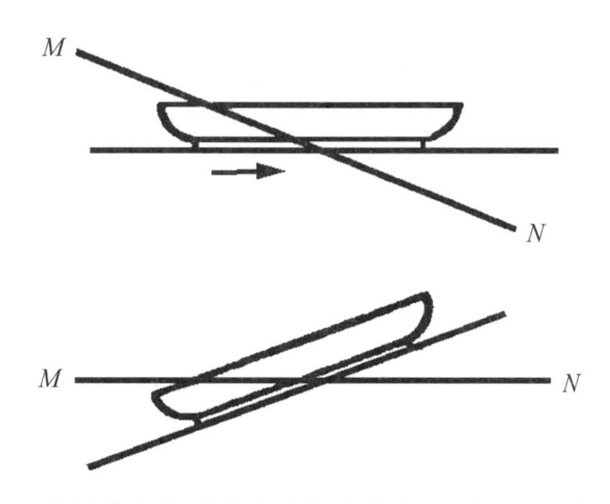

圖 24　為什麼在起動的火車裡液體會向碟子的後緣溢出？

圖 25　開車的時候，車裡的乘客會向後仰

就連伽利略也支持類似的解釋，這可以從下面摘錄裡看出：

假設一個盛水的容器在做著直線但不是等速的運動——一會兒是加速，一會兒又是減速。這樣運動的結果是：水的運動並不完全跟容器一致。容器速度減低的時候，水保留著已經得到的速度，向前端流去，前端的水就高了起來；假如反過來，容器的速度增加，水卻保持原來比較緩慢的運動，落後下來，後端的水就會顯著升高。

這種解釋，一般來說，跟上面所指的都同樣符合實際情況。不過對科學來說，一個解釋如果不只是跟實際情況相符，而且還使我們能從量上來計算，那就更有價值，因此，我們應該對前面所說的腳底下的地板已經不再是水平的解釋，給予更高的評價。這個解釋可以讓我們從量上來考慮這個現象，而這是用一般的解釋所不能做到的。舉例來說，假如火車從車站開出時的加速度是 1 公尺／秒 ^{2}，那麼新舊兩鉛直線間的夾角 $\angle QOP$（圖 22）不難從 $\triangle QOP$ 算出，三角形裡 $\overline{QP}$：$\overline{OP}$=1：9.8 ≈ 0.1（力跟加速度成正比）：

$$\tan\angle QOP=0.1，\angle QOP\approx 6^\circ$$

這就是說，懸掛在車廂裡的重物，開車的時候應該呈 6° 的傾倒。腳底下的地板彷彿也傾斜了 6°，因此當我們在車廂裡走動的時候，我們的感覺就和在 6° 的斜坡上行走時候的感覺一樣。如果用一般的解釋來研究這種現象，我們就沒辦法確定這些細節。

當然，讀者一定已經發現，這兩種解釋的分歧只是由於觀點不同而產生的：一般的解釋是以車輛以外固定不動的觀察者所看到的現象來說的；而另一個解釋是就參與了加速運動的人所看到的現象來說的。

৫ 3.5 磁山

加利福尼亞有一座山，當地汽車司機都說它有磁性，原因是在這座山腳下大約 60 公尺長的一小段路上有一個異常的現象。這段路是傾斜的，假如汽車在這個斜坡向下行駛的時候把引擎關掉，車子就會向後面退去，就是在斜坡上向高處退去，彷彿受到了山的「磁力吸引作用」一般（圖 26）。

圖 26 加利福尼亞的磁山

這座山的驚人性質已經被公眾所肯定了，在公路的這一段甚至還立了木牌，闡明這個現象。

可是，卻也有這樣的人，他們認爲山能夠吸引汽車很值得懷疑。爲了進行檢查，他們對這一段路進行平準測量，結果卻出人意料：人們一向認做是上坡的地方，竟是有2°斜度的下坡路，這樣的坡度已經可以使汽車在良好公路上關掉引擎滑行。

在山路上，這種視覺的欺騙相當常見，因而時常產生不少傳說性的故事。

3.6 向山上流去的河

有一些旅行家談到河流的水會順著斜坡向上流的景像，這也可以用視覺上的錯覺來解釋。讓我把一本生理學的書籍中有關「外部感覺」的段落摘錄下來：

當我們判斷某一個方向是不是水平、是不是向上傾斜或向下傾斜時，在許多情況下往往會發生錯誤。譬如，在順著稍稍往下傾斜的道路上行進的時候，看到不遠的地方另外一條跟這條路相交的道路，我們常會把第二條路的上升坡度看成比實際陡峭。然後我們就會驚訝地發現，第二條路其實完全不像我們所想像的那麼陡峭。

這個錯覺的解釋是，我們把正走著的路看成是基礎平面，拿這個平面做基準來衡量別的方向的斜度。由於我們不自覺地把這個平面看成是水平面，因此就很自然地把別的道路的斜度看大了。

之所以會發生這種現象，是因爲我們的肌肉在走路的時候完全不能感覺2°～3°的坡度。更有意思的是另外一種錯覺，這種情況常在地面不平的地方碰到：小河彷彿向山上流去！

下面這一段也摘錄自那本書：

在順著靠小河微微傾斜的道路下坡的時候，如果小河的水面坡度比較小（圖 27），就是河水幾乎水平地流著的話，我們常常會以爲河水在順著斜坡向上流去（圖 28）。這裡我們也把道路看成水平的了，因爲我們已經習慣把我們站立的平面當做基準，來判斷別的平面的傾斜。

圖 27　靠小河微微傾斜的道路

圖 28　步行的人在路上覺得河水在向上流

3.7 鐵棒的題目

一根鐵棒，在正中心鑽了一個孔，孔裡穿過一條很牢固的細金屬絲，使鐵棒能夠像繞水平軸線一般地轉動（圖 29）。問如果將鐵棒轉動，它會停在什麼位置上？

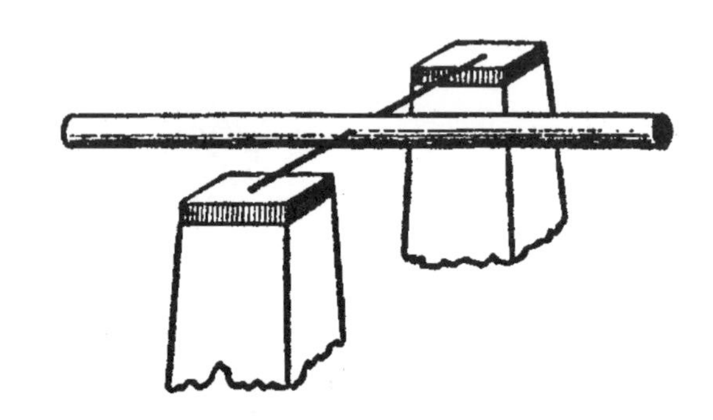

圖 29 鐵棒在軸上是平衡的，假如將它轉動，它會停在什麼位置上？

人們時常回答說，鐵棒會停在水平位置上，也就是他們所認知的「唯一可能維持平衡的位置」。很難讓他們相信，這個支撐在重心上的鐵棒，能在任何位置上保持平衡。

爲什麼這樣一個簡單題目的正確答案，很多人卻認爲無法相信呢？因爲一般人看到過的大多是在鐵棒的中央用線懸掛起來的情形：這時鐵棒的確要在水平的位置才會平衡。因此人們就急於做出了結論，認爲貫穿在軸上的鐵棒也只有在水平的位置上才能平衡。

但是用線掛起來的鐵棒和貫穿在軸上的棒，條件並不相同。穿了孔支撐在軸上的鐵棒，是嚴格地支撐在它的重心上的，因此是在所謂隨遇平衡的狀態。而懸掛在細線上的鐵棒，懸掛點並不正好在重心上，而是在比重心高一些的地方（圖 30）。這樣懸掛的物體，只能在它的重心跟懸掛點在同一條鉛直線上的時候，也就是當鐵棒在水平位置的時候才能靜止；在傾斜的時候，重心就會離開鉛直線（圖 30 右）。正是這個常見的情況妨礙了許多人，使他們對支撐在水平軸上的鐵棒能夠在傾斜位置上平衡這一點無法同意。

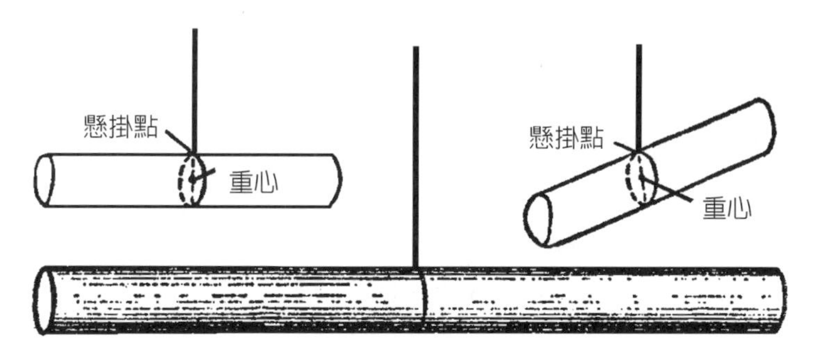

圖 30　為什麼在中央用線掛起的鐵棒會保持水平的位置？

第4章 落下的拋擲

Mechanics

☙ 4.1 千里靴[1]

童話故事裡面的千里靴現在已經採取某種獨特的形式變成事實了：這是一個中型的旅行皮箱，裡面裝著一個小型氣球的氣囊和一套供給氫氣的裝置。運動員可以在任何時候從這個小皮箱裡把氣囊取出，裝滿氫氣，做成一個有 5 公尺直徑的氣球。然後，把自己吊在這個氣球上，他就可以跳得很高很遠（圖 31）。他用不著怕飛到高空去，因爲這個氣球的上升力還是比人的體重小些。

圖 31　跳球

一個運動員，如果用了這種「跳球」可以跳得多高，計算一下也很有趣。

假設人的體重只比氣球上升力大 1 公斤。換句話說，用了這種氣球的人的體重就像只有 1 公斤，只有正常體重的 $\frac{1}{60}$，問他是不是也能跳出 60 倍高呢？

讓我們算算看。

身上繫著氣球的人，所受到的地球引力是 1000 克重或者大約 10 牛頓。跳球本身重量大約 20 公斤。這就是說，是 10 牛頓的力量作用在 20+60=80 公斤的質量上。這 80 公斤的質量在 10 牛頓的力量作用下，所得到的加速度 a 是：

1　在童話故事裡描述穿了這種靴子就能日行千里。

$$a=\frac{F}{m}=\frac{10}{80}\approx 0.12\text{公尺／秒}^2$$

一個人在正常條件下，就地跳高所能達到的高度不超過 1 公尺。它的相應初速度 v 可以從 $v^2=2gh$ 公式求得：

$$v^2=2\times 9.8\text{公尺}^2\text{／秒}^2$$

從而得出

$$v\approx 4.4\text{公尺／秒}$$

身上繫著氣球的人，在跳起的時候給自己身體的速度應該比不繫氣球的時候小，這兩個速度的比值等於人體質量跟人和球的總質量的比值（這一點可以從 $Ft=mv$ 一式看出：力 F 和力作用時間長短的 t 在兩種情況下都相同，因此，動量 mv 也相同，可見得速度跟質量是成反比的）。所以，繫著氣球跳高的初速度是

$$4.4\times\frac{60}{80}=3.3\text{公尺／秒}$$

現在，運用 $v^2=2ah$ 公式，可以很容易求出跳的高度 h 來：

$$3.3^2=2\times 0.12\times h$$

從而得出

$$h\approx 45\text{公尺}$$

所以，這位運動員做了最大的努力，如果在正常條件下可以跳 1 公尺高，那麼身上繫著氣球的時候就能夠跳到 45 公尺高。

把這種跳躍的時間計算一下也很有趣。加速度是 0.12 公尺／秒 ^{2} 的情況下，向上跳到 45 公尺高所需要的時間應該是（根據 $h=\frac{at^2}{2}$ 公式）：

$$t=\sqrt{\frac{2h}{a}}=\sqrt{\frac{9000}{12}}\approx 27秒$$

所以跳上去再落下來，一共要花 54 秒鐘。

這麼緩慢的跳躍自然是因爲加速度很小的緣故，這種跳躍的感覺，如果沒有用到氣球，就只能在重力加速度比地球上小很多（只等於地球上的 $\frac{1}{60}$ ）的某個小行星上才能感受得到。

在方才做的計算裡面（包括以下要做的一些計算），我們完全忽略了空氣的阻力。在理論力學裡面引出了許多公式，可以用來計算在遇到空氣阻力的時候跳得最高的高度和經過的時間。在空氣裡跳躍，無論是跳得最高的高度，還是所花的時間，都要比在眞空裡的小得多。

我們不妨再做一個計算——求出跳遠的最大距離。跳遠的時候，運動員跳的方向應該跟水平線呈一定角度。假設他跳出的時候身體得到一個速度 v（圖 32）。把這速度分成兩個分速度：鉛直分速度 v_1 和水平分速度 v_2。這兩個分速度分別是

$$v_1=v\times\sin\alpha$$

$$v_2=v\times\cos\alpha$$

人體的上升運動過了 t 秒鐘以後就停止了，這時候：

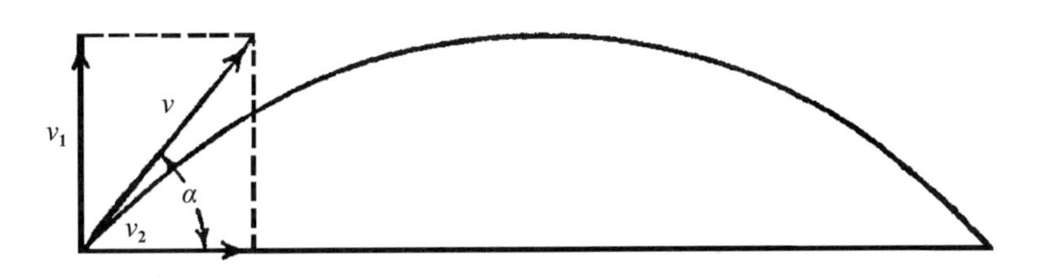

圖 32　跟水平線呈角度 α 拋出的物體飛行路線

$$v_1-at=0 \text{ 或 } v_1=at$$

從而得出

$$t=\frac{v_1}{a}$$

可知人體上升和落下的時間是

$$2t=\frac{2v\sin\alpha}{a}$$

至於分速度 v_2，在人體上升和落下的全部時間裡應該都是不變的，它使人體在水平方向等速前進。在這段時間裡，人體就前進了

$$S=2v_2t=2v\cos\alpha\cdot\frac{v\sin\alpha}{a}$$

$$=\frac{2v^2}{a}\sin\alpha\cos\alpha=\frac{v^2\sin 2\alpha}{a}$$

這就是跳遠的距離。

這個距離在 $\sin 2\alpha=1$ 的時候達到最大值，因為正弦值不可能比 1 大。從而，$2\alpha=90^\circ$，

$\alpha=45^\circ$。這就是說，在沒有空氣阻力的情形，運動員如果從地面上向 45° 角的方向跳出去，會跳得最遠。這個最遠的距離也可以求出，只要把

$$S=\frac{v^2\sin 2\alpha}{a}$$

這個式子裡的各項用下面的數值代進去，就是 $v=3.3$ 公尺／秒，$\sin 2\alpha=1$，$a=0.12$ 公尺／秒 ^{2}。我們得到：

$$S=\frac{3.3^2}{0.12}\approx 90\text{公尺}$$

這種跳 45 公尺高的跳高和用 45° 角跳出 90 公尺的跳遠，可以使人跳過好幾層樓的房子（圖 33）[2]。

你也可以自己做一次小型的類似實驗，只要用一個兒童玩的氫氣球，掛上一個紙製的運動員人偶，它的重量比氣球的上升力略大一些就行了。這時候只要輕輕觸動它一下，紙人就會高高跳起，然後再落下來。但是在這裡，儘管跳的速度不大，空氣阻力所起的作用還是比真人跳的時候大。

2　記住以下這一點是相當有用的，就是跟鉛直線呈 45° 角拋出的物體，落下的地點的最大距離一般等於用同樣的初速度鉛直拋上所達到的高度的兩倍。在我們所說的這個例子裡，鉛直上升的高度是 45 公尺。

圖 33　繫著跳球跳遠

4.2　人肉炮彈

「人肉炮彈」，是一個很有意思的雜技節目。節目的內容是這樣：把一個演員放在炮膛裡，然後把他從炮膛裡發射出去，在空中高高劃出一道弧線，落到離炮 30 公尺遠的網上（圖 34）。

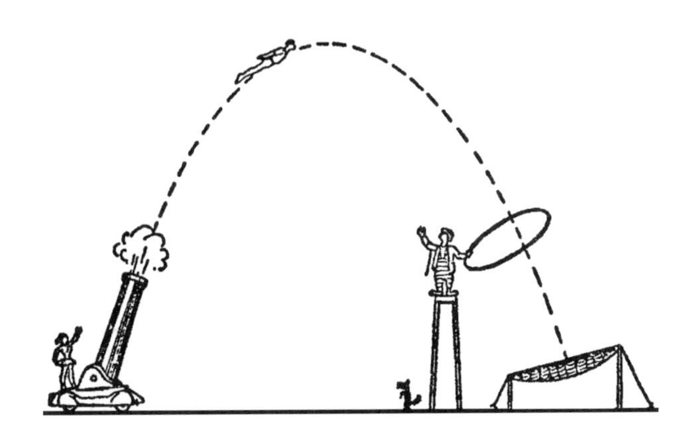

圖 34　雜技節目裡的「人肉炮彈」表演

上面說的炮和發射兩個名詞，應該加上引號，因爲其實這並不是眞正的炮，也不是眞正的發射。表演的時候，炮口上雖然也會冒出一股濃煙，但是演員並不是由於火藥爆炸的力量被拋擲出去的。這股煙只是故意用來加強效果，使觀眾感到驚詫。事實上拋擲的動力是彈簧，彈簧把人拋擲出去的同時會發出一股加強效果的煙來，造成一種錯覺，彷彿「人肉炮彈」是被彈藥射出來的一般。

圖 35 是這個雜技節目的圖示，下面是最有名的「人肉炮彈」表演者萊涅特做這個表演的一些相關數字：

炮筒斜度……………………70°

飛行最大高度……………19 公尺

炮膛長度……………………6 公尺

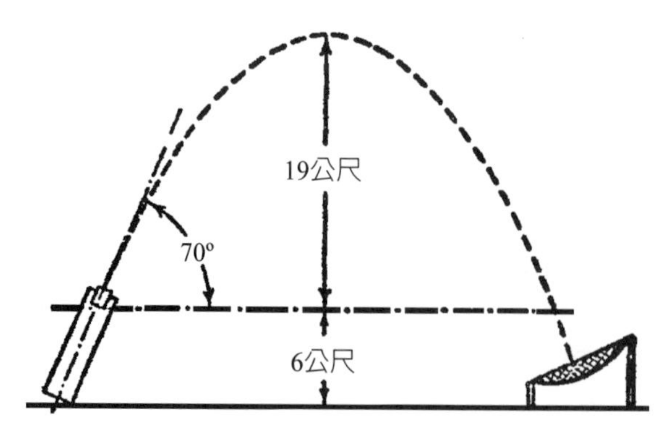

圖 35　「人肉炮彈」飛行圖示

演員在表演這個節目的時候，他的身體所感受到的特殊情況，很值得注意。在發射的一瞬間，演員的身體會受到一種壓力，彷彿是增加了重量的感覺。隨後在自由飛行的時候，演員又會覺得自己像是沒有一點重量似的[3]。最後，在落到網上那一瞬間，演員又再次受到增加重量的作用，上面說到的這一切演員都承受了下來，對於健康並沒有損害。這些情況值得細細地研究，因爲乘坐火箭飛向宇宙空間的宇航員，也會感受到同樣的感覺。

在太空船引擎使太空船達到必需速度之前的一段不長時間內，飛行員會感覺到自己的重量在增加。在關閉引擎（進入軌道）後飛行員會感到處於完全失重的狀態。大家知道，著名的狗——萊卡——蘇聯第二顆人造衛星的乘客，就經歷了火箭開始飛行階段的短時超重和在衛星運行軌道上幾天的失重。

現在讓我們回到馬戲團表演者的身上。

在表演的第一個階段，也就是說表演者還在炮膛裡面的階段，使我們感興趣的是「人造重量」的大小。這個大小，只要我們把物體在炮膛裡面的加速度計算出來，就可以知道。要計算加速度就得知道物體所走過的路線，也就是炮膛的長度，以及在走完這段路線的時候所產生的速度。炮膛長度已知是 6 公尺。至於速度，也可以算出，因爲我們知道這就是能把一個自由物體拋到 19 公尺高的速度。

在前一節裡我們求出了一個公式

$$t=\frac{v\sin\alpha}{a}$$

3　可參閱本書作者的《趣味物理學續篇》和《行星際的旅行》。

式子裡 t 是上升時間，v 是初速度，α 是拋出物體的傾斜角度，a 是加速度。此外，我們已經知道上升的高度 h。

由於

$$h=\frac{gt^2}{2}=\frac{g}{2}\times\frac{v^2\sin^2\alpha}{g^2}=\frac{v^2\sin^2\alpha}{2g}$$

可以算出速度 v 來：

$$v=\frac{\sqrt{2gh}}{\sin\alpha}$$

這個式子裡的各個字母所代表的數值我們已經知道，g=9.8 公尺／秒 ^{2}，α=70º。至於飛起的高度 h，從圖 37 可知，應該是 19 公尺。這樣，所求的速度：

$$v=\frac{\sqrt{19.6\times19}}{0.94}\approx20.6\text{公尺／秒}$$

演員的身體就是用這樣的速度離開大炮的，因此，這也就是演員飛離炮口時候的速度。根據公式 $v^2=2aS$，得到：

$$a=\frac{v^2}{2S}=\frac{20.6^2}{12}\approx35\text{公尺／秒}^2$$

我們算出了演員在炮膛裡運動的加速度是 35 公尺／秒 ^{2}，大約相當於一般重力加速度的 $3\frac{1}{2}$ 倍。因此，演員在發射的一瞬間，會感到自己的體重變成了從前的 $4\frac{1}{2}$ 倍——除了原來的體重以外，還加上了 $3\frac{1}{2}$ 倍的「人造重量」[4]。

這個增加了重量的感覺要延續多少時間呢？從公式$S=\frac{at^2}{2}=\frac{at\times t}{2}=\frac{vt}{2}$，可以得到：

$$6=\frac{20.6\times t}{2}$$

從而

$$t=\frac{12}{20.6}\approx 0.6\text{秒}$$

這就是說，演員有半秒鐘以上的時間，會感到自己不是重 70 公斤，而是重達 300 公斤。

現在再來研究這個雜技節目的第二個階段——演員在空中的自由飛行。這裡使我們感興趣的是飛行的時間——演員有多長一段時間完全沒有重量的感覺？

在前一節裡面我們已經知道，這種飛行的時間等於：

$$\frac{2v\sin\alpha}{a}$$

把已經知道的各值代入，可以算出所求的時間等於：

$$\frac{2\times 20.6\times \sin 70°}{9.8}\approx 3.9\text{秒}$$

也就是完全沒有重量的感覺大約會持續 4 秒鐘左右。

對於飛行的第三個階段，和第一個階段一樣，我們要求出「人造重量」的大小和這個情況延續的時間。假如網和炮口一樣高，演員落到網上的速度應該跟他開始飛行時的速度一樣。但是網實際上放得比炮口略低，因此演員的速度也比較大，不過這之間差異極小，

4　這樣說或許不夠精確，因為這個「人造重量」的作用方向是跟鉛直呈 20° 角的，而正常重量的作用方向卻是鉛直的，不過這裡的差別並不大。

爲了不使我們的計算變得複雜，姑且把這個差異拋開不管。因此，我們假定演員是用 20.6 公尺／秒的速度到達網的。演員落到網裡的時候，陷下去的深度量出爲 1.5 公尺。這就是說，20.6 公尺／秒的速度在 1.5 公尺距離當中變成了零。假定在網中逐漸變慢的運動過程中加速度是一樣的，根據公式 $v^2=2aS$ 得到：

$$20.6^2=2a\times 1.5$$

從而，加速度

$$a=\frac{20.6^2}{2\times 1.5}\approx 141\text{公尺／秒}^2$$

這裡我們看到，演員在落入網裡的時候，受到 141 公尺／秒 ^{2} 的加速度——大約是重力加速度的 14 倍。所以他有一段時間感到自己的體重變成了原來的 15 倍！但是這個不平常的情況一共只延續了

$$\frac{2\times 1.5}{20.6}\approx\frac{1}{7}\text{秒}$$

這個增加到原來的 15 倍的重量，如果不是時間極短，即使表演的演員有受過訓練，也不可能毫無損傷地承受。因此，體重 70 公斤的人這時候竟要承受整整一噸的重量！這個負荷如果持續的時間比較久，眞的會把人壓死，至少也會使人不能呼吸，因爲肌肉的力量不能「抬起」這麼沉重的胸腔。

☙ 4.3　過危橋

儒勒・凡爾納在他的小說《環遊地球八十天》一書裡，描寫了一段驚險的故事。在洛基山裡有一道鐵路吊橋，由於桁架已經損壞，隨時都會坍掉，但是勇敢的司機卻決定把旅客列車從橋上面開過去（圖 36）。

圖 36　儒勒・凡爾納小說裡關於吊橋的插圖

「可是這座橋就要坍了！」

「沒關係，我們只要把火車開到最大速度，碰運氣也許能過去。」

列車用不可置信的高速向前疾駛。活塞每秒鐘進退20次。車軸在冒著濃煙。列車彷彿沒碰到鐵軌。重量已經被速度所消滅了……開過橋了。列車越過它的身上從一岸跳到另一岸。但是，它才剛一過河，橋就轟隆一聲坍落到水裡去了。

這段故事可不可靠呢？「重量」可以「被速度所消滅」嗎？我們都知道，當火車疾馳的時候鐵路路基受到的負荷比緩行的時候大，在路基比較差的地段一般都規定要開慢車。但是，這裡卻偏偏利用疾馳解決了困難，這可能嗎？

原來小說裡描寫的情況並不是沒有道理的，在一定條件下，即使列車底下的橋樑正在坍下去，列車也仍然可以避免受到傷害，關鍵在於列車應該在極短促的時間裡駛過橋去。在這樣短的一瞬間，橋根本就來不及坍塌……下面是一個大概的計算：旅客列車的主動輪直徑是1.3公尺，「活塞每秒鐘進退20次」，這使主動輪每秒鐘轉10周，也就是說，車輪每秒鐘會走出10×3.14×1.3公尺，就是41公尺，這是火車的每秒速度。山裡的河川大概並不寬，橋的長度可能只有10公尺。這就是說，在這樣快的速度下，列車只要$\frac{1}{4}$秒的時間就可以把橋過完。因此，即使橋在最初的一瞬間就開始斷的話，它斷裂的一端在$\frac{1}{4}$秒鐘裡只來得及落下

$$\frac{1}{2}gt^2=\frac{1}{2}\times 9.8\times\frac{1}{16}\approx 0.3\text{公尺}$$

也就是落下30公分。橋並不是一下子兩端都斷的，而是列車駛入的那一端會先斷。當這一段開始跌落，落下最初幾公分的時候，另外一端卻仍然和河岸連接著，因此列車（極短的列

車）大約也來得及在另一端斷落以前駛到對岸。小說上所述的：「重量已經被速度所消滅了」這句話，是要這樣來理解的。

這段故事不可靠的部分在於「活塞每秒鐘進退 20 次」，這可以產生每小時 150 公里的速度，這麼高的速度，那個時候的火車還達不到。

應當指出，人們在溜冰的時候，有時候也有類似的情形：溜冰的人會冒險地快速溜過薄冰，因爲如果緩緩滑過去，冰是一定會破裂的。

同樣應該注意，上面的「重量被速度所消滅」這句話，對拱橋上的運動也適用。在這種情況下，速度的增加會減少運動物體對橋的壓力。

4.4　三條路

【題】一堵陡直的牆壁上畫著一個圓圈（圖 37），直徑是 1 公尺，從圓圈頂點沿著弦 $\overline{AB}$ 和 $\overline{AC}$ 裝有兩道滑槽。把三顆彈丸從 A 點同時放下，讓一顆自由落下，另外兩顆分別在兩道滑槽裡毫無摩擦而且沒有滾動地滑下，問哪一顆最先到達圓周？

【解】由於滑槽 $\overline{AC}$ 的路程最短，因此一般很容易以爲這個槽裡的彈丸一定最先到達圓周，在 $\overline{AB}$ 槽裡下滑的似乎應該在這個競賽裡取得第二名，最慢的應該是鉛直跌落的那一顆。

但是，實驗卻證明上面的結論並不正確：三顆彈丸竟是同時到達圓周的！

原因是，三顆彈丸各用不同的速度運動：運動得最快的是自由落下的彈丸，而沿兩個滑槽滑下的彈丸，滑槽比較陡的運動就比較快。這樣看來，路線越遠的彈丸，運動的也就越快，下面可以證明，速度比較大的結果恰好彌補了路線比較長的損失。

實際上，沿鉛直線 $\overline{AD}$ 落下的時間 t（假如不計算空氣阻力）可以按下式求出：

$$\overline{AD}=\frac{gt^2}{2}$$

從而

$$t=\sqrt{\frac{2\overline{AD}}{g}}$$

沿弦（例如沿弦 $\overline{AC}$）運動的時間 t_1 等於：

$$t_1=\sqrt{\frac{2\overline{AC}}{a}}$$

式子裡 a 是沿著斜線 $\overline{AC}$ 運動的加速度。但是我們不難看出：

$$\frac{a}{g}=\frac{\overline{AE}}{\overline{AC}}$$

因此

$$a=\frac{\overline{AE}\cdot g}{\overline{AC}}$$

又如圖 37 說明：

$$\frac{\overline{AE}}{\overline{AC}}=\frac{\overline{AC}}{\overline{AD}}$$

因此

$$a=\frac{\overline{AC}}{\overline{AD}}\times g$$

所以

$$t_1=\sqrt{\frac{2\overline{AC}}{a}}=\sqrt{\frac{2\overline{AC}\cdot\overline{AD}}{\overline{AC}\cdot g}}=\sqrt{\frac{2\overline{AD}}{g}}=t$$

結果是 $t=t_1$，也就是說，弦和直徑上的運動時間相等。這當然不只是 $\overline{AC}$ 弦適用，從 A 點延伸下的所有弦都可以適用。

上題還可以用另外一種形式提出。三個物體在重力作用下分別沿著鉛直平面上一個圓的弦 $\overline{AD}$、$\overline{BD}$ 和 $\overline{CD}$ 運動（圖 38）。運動從 A、B、C 三點同時開始，哪一個物體最先到達 D 點？

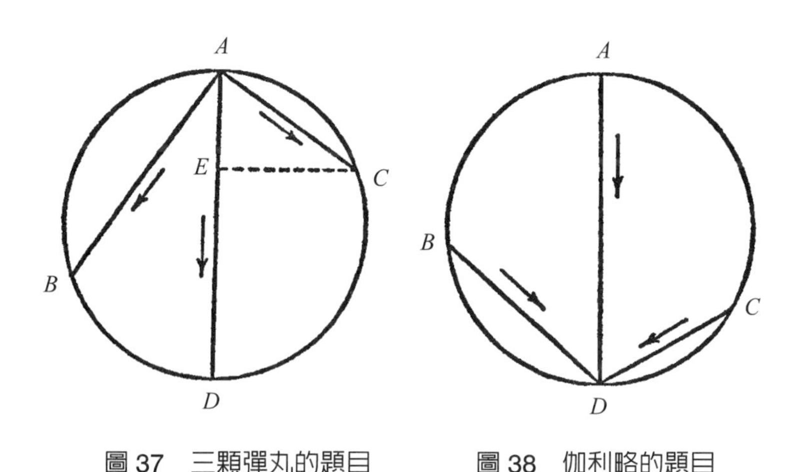

圖 37　三顆彈丸的題目　　圖 38　伽利略的題目

讀者們現在已經不難自己證明出，三個物體會同時到達 D 點。

這個題目是伽利略在《論兩種新科學及其數學演化》一書裡所提出並解答了的，這本書裡最先提出了他所發現的物體落下定律。

在這本書裡，可以找到伽利略這樣規定的定律：「假如從高出地平線的圓的最高點上，延伸出頂到圓周的不同的傾斜平面，在這些面上的落下時間都相同。」

☙ 4.5　四塊石頭的題目

【題】從塔頂上用同樣速度擲出四塊石頭：一塊鉛直向上、一塊鉛直向下、一塊水平向右、一塊水平向左。

問在落下過程當中的每一瞬間，用四塊石頭做頂點的四角形會是什麼形狀？（假設不考慮空氣阻力的作用。）

【解】許多人著手解題的時候，會認爲落下的石頭應該分布在一個像風箏形狀的四角形頂點。他們是這樣考慮的：向上擲出的石頭，離開出發點的速度要比向下擲出的慢；而向兩側擲出的石頭，會用某種中間的速度沿曲線飛出。但是這時候他們忘記考慮，四塊石頭所形成的四邊形的中心點會用什麼速度落下去。

假如從另一方面來想，就比較容易得到正確的答案，也就是說，要先做一個假設——假定根本沒有重力作用。

當然，這時候四塊擲出的石頭在每一瞬間都是分布在正方形頂點的。

那麼，假如有了重力作用，又會發生什麼變化呢？在沒有阻力的介質裡，一切物體都是用同樣的速度落下的。因此，我們的四塊石頭在重力作用下落下的距離相等，也就是說，正方形會跟本身平行地移動，始終保持正方的形狀。

所以，擲出的石頭分布在正方形的四個頂點上。

下面是另一個有關的題目。

4.6 兩塊石頭的題目

【題】 從塔頂上用每秒 3 公尺的同樣速度擲出兩塊石頭：一塊鉛直向上、一塊鉛直向下。問它們用什麼速度互相離開？不考慮空氣阻力的作用。

【解】 按照上題的思考方法，我們不難得到正確結論：兩塊石頭彼此是用 3+3=6 公尺／秒的速度離開的。這裡不管你覺得多麼奇怪，落下的速度並不起什麼作用，這個答案對於任何天體——地球、月球、木星等等都適用。

4.7 擲球遊戲

【題】 球員把球擲向他的同伴，同伴離他 28 公尺，球行進了 4 秒鐘，問球飛到的最大高度是多少？

【解】 球運動了 4 秒鐘，4 秒鐘裡面同時完成了水平方向和鉛直方向的運動。這就是說，球上升和落下共花了 4 秒鐘，上升花了 2 秒鐘，落下花了 2 秒鐘（力學課本上證明，上升

時間跟落下時間相等）。因此，球落下的距離是

$$S=\frac{gt^2}{2}=\frac{9.8\times 2^2}{2}=19.6\text{公尺}$$

所以，球到達的最大高度大約爲 20 公尺。至於兩個球員之間的距離 28 公尺，我們根本就用不著它。

在這種不過分快的速度之下，空氣的阻力可以不必注意。

第5章 圓周運動

5.1 向心力

下面這個例子可以幫助我們，把後面要用到的一些概念搞清楚。用一條足夠長的線，把一個小球繫在光滑桌面中央的釘子上（圖 39），彈動小球，使小球得到一個速度。小球在把線拉直之前，在慣性作用下將沿直線方向前進；但是，只要線拉直了，小球就開始用大小不變的速度描起圓圈來，圓的中心就是釘子釘在桌子上的地方。然後如果用火柴把線燒斷（圖 40），小球就在慣性作用下，按著跟圓周相切的方向飛出去（就像你把一塊鋼碰觸到磨刀具的砂輪上，會有火星沿砂輪切線方向飛出的情形一樣）。這樣看來，是線的張力使小球脫離了慣性作用下進行直線等速運動。根據力學第二定律，力是跟加速度成正比的，方向跟加速度一樣；因此，線的張力就會給小球一個加速度，這個加速度的作用方向跟力的作用方向相同，就是向著圓周中心的釘子。小球在慣性作用下想離開中心遠去，而線的張力卻拖著它趨向圓心，因此這個力叫做向心力，加速度也相應地叫做向心加速度。

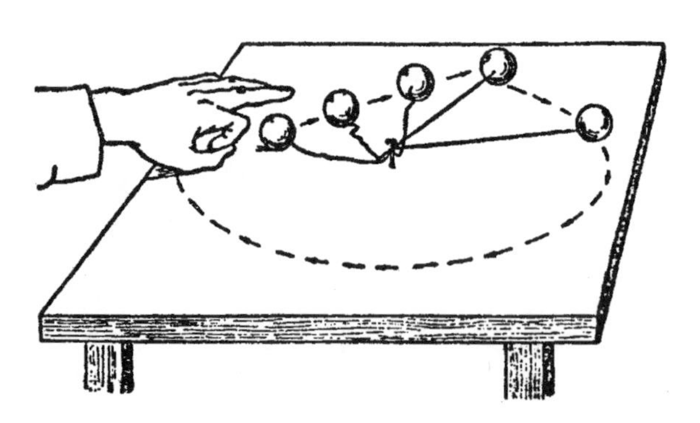

圖 39　線拉直以後，使小球等速地繞圓周運動

設已知沿圓周運動的速度是 v，圓周半徑是 R，那麼向心加速度 a 可按下式算出：

$$a=\frac{v^2}{R}$$

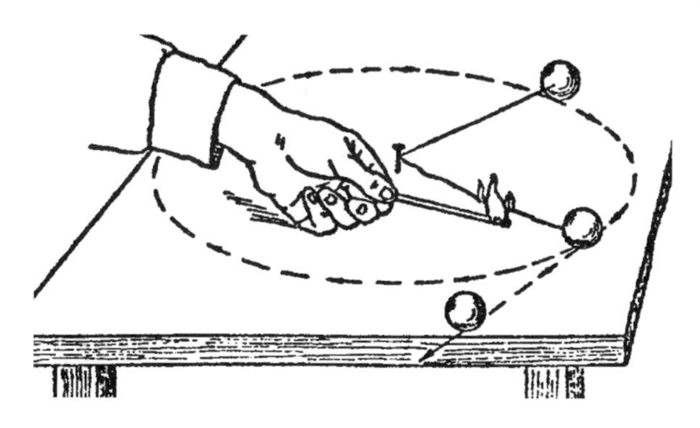

圖 40　線燒斷以後，小球沿圓周的切線飛出

根據力學第二定律，向心力等於：

$$F=m\frac{v^2}{R}$$

讓我們把向心加速度的公式推導出來。設小球在某一瞬間位置在 A 點（假設小球已經開始旋轉運動），如果把線燒斷，小球就在慣性作用下沿圓周切線方向飛出，在某個很短的時間間隔 t 裡面到達 B 點（圖 41），走的距離 $\overline{AB}=vt$。但是向心力，這裡指線的張力，卻使小球做圓周運動，在上面所說的時間間隔裡面到達圓周上的 C 點。如果從 C 點向 $\overline{OA}$ 作一垂線 $\overline{CD}$，則 $\overline{CD}=\overline{AB}$。這段距離可由無初速等加速運動公式求出：

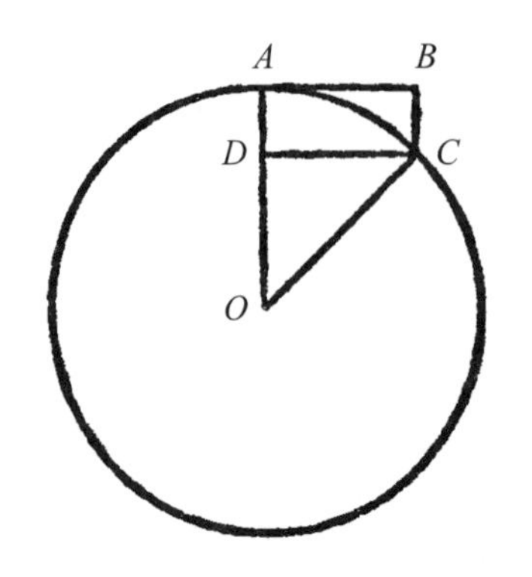

圖 41　推導向心加速度的公式

$$\overline{AD}=\frac{at^2}{2}$$

式中 a 是向心加速度。據畢氏定理可得：

$$\overline{OC}^2=\overline{OD}^2+\overline{DC}^2$$

又

$$\overline{CD}=\overline{AB}=vt$$

$$\overline{OD}=\overline{OA}-\overline{AD}=R-\frac{at^2}{2}，\overline{OC}=R$$

從而

$$R^2=(R-\frac{at^2}{2})^2+(vt)^2$$

或

$$R^2=R^2-Rat^2+\frac{a^2t^4}{4}+v^2t^2$$

於是

$$Ra=v^2+\frac{a^2t^2}{4}$$

上面討論的是小球在極短的時間間隔 t（小到接近於 0）裡面的運動，因此，含有 t^2 的項也就是 $\frac{a^2t^2}{4}$，跟 Ra 和 v^2 比較，可以忽略不計。把這個極小的值去掉，就得到：

$$a=\frac{v^2}{R}$$

5.2　第一宇宙速度

讓我們試著來搞清楚，人造衛星為什麼不會摔回到地球上來？要知道，在地球引力作用下，一切升到地球上空的物體都會摔回到地面上來。這個原因在於把衛星送到軌道上去的多級火箭給了人造衛星巨大的速度，這個速度大約是每秒 8 公里。

物體如果能獲得這樣的速度，就不會摔回到地面上來，而將變成人造衛星。地球引力只能使它的運行路徑彎曲，使它圍繞我們的地球描出封閉的橢圓形。

在特殊的情況下，衛星的軌道可以是以地球中心做圓心的圓周。下面讓我們推導出衛星在這種軌道上運行的速度，也就是所謂圓周速度的公式。

人造衛星是被向心力拖住在圓周軌道上的，這裡起向心力作用的是地球的引力。如果用 m 表示人造衛星的質量，用 v 表示速度，用 R 表示它的軌道半徑，那麼向心力 F 可以按已知的公式求出：

$$F=m\frac{v^2}{R}$$

另一方面，根據萬有引力定律，這個力也等於：

$$F=\gamma\frac{mM}{R^2}$$

這裡 M 是地球質量，γ 是所謂引力常數。這樣由：

$$m\frac{v^2}{R}=\gamma\frac{mM}{R^2}$$

可以求出圓周速度的值：

$$v=\sqrt{\frac{\gamma M}{R}}$$

如果衛星軌道距地球表面的高度是 H，地球半徑是 r（圖 42），那麼

$$v=\sqrt{\frac{\gamma M}{r+H}}$$

爲了便於計算，上面匯出的公式還可以改變一下。我們知道，在地球表面，引力等於 mg，據萬有引力定律：

$$mg=\gamma\frac{mM}{r^2}$$

從而

$$\gamma M=gr^2$$

這樣，對於在地面上空 H 高處的圓周速度，可以得出下列公式：

$$v=\sqrt{\frac{gr^2}{r+H}}$$

或

$$v=r\sqrt{\frac{g}{r+H}}$$

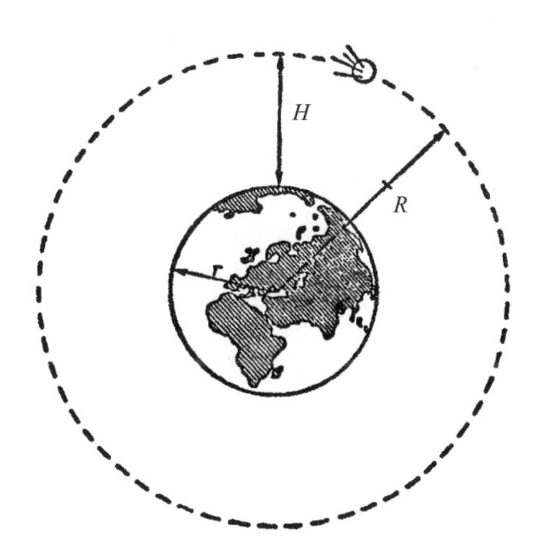

圖 42　人造地球衛星的圓周軌道

這裡必須注意，在這個公式裡，g 是地球表面上的引力加速度。如果軌道高度 H 跟地球半徑 r 相比很小，那可以近似地認為 $H\approx 0$，於是圓周速度的公式就可以簡化成：

$$v=r\sqrt{\frac{g}{r}} \text{ 或 } v=\sqrt{rg}$$

如果把 g=9.81 公尺／秒 ^{2}，r=6378 公里（地球赤道上的半徑）代入後面一式，就可以算出所謂第一宇宙速度：

$$v=\sqrt{9.81\times10^{-3}\text{公里／秒}^2\times6378\text{公里}}=7.9\text{公里／秒}$$

人造衛星如果環繞地球表面運動，就應該具有上述速度。當然實際上，由於地球表面並不是很平的，特別由於有空氣阻力，衛星是不能在這樣的軌道上運行的。圓周軌道的高度如果增高，它的軌道速度就會相應地減小。

5.3 增加體重的簡單方法

我們時常祝福自己的生病的親友「體重增加」。假如這句話只照字面上的意思，那麼，用不著加強營養，也用不著特別注意健康，很快就可以使體重增加：只要坐到「旋轉木馬」（圖 43）上就可以了。坐在「旋轉木馬」上旋轉的人根本就沒有想到，他坐在旋轉木馬上，體重會眞正地增加。下面的簡單計算，可以告訴我們增加了多少。

圖 43　旋轉木馬

設 $\overline{MN}$（圖 44）是旋轉木馬車廂繞著旋轉的軸，旋轉木馬轉動的時候，四周懸空的車廂和乘客一起，在慣性作用下有順著切線方向運動的趨勢，因此離開了轉軸，成了像圖 44 所示的傾斜狀態。這時候，乘客的體重 P 分解成兩個分力：一個力 R，水平指向軸的方向，這是維持圓周運動的向心力；另一個力 Q，沿著懸索的方向，把乘客壓向車廂底上，這個力給乘客的感覺就彷彿是體重一般。我們看出「新的體重」要比正常體重 P 大，等於 $\frac{P}{\cos\alpha}$。要求出 P 和 Q 之間的 α 角的值，應該先知道力 R 的大小。這個力是向心力，因此它所產生的加速度是

$$a=\frac{v^2}{r}$$

圖 44　作用在旋轉木馬車廂上的力

式子裡 v 是車廂重心的速度，r 是圓周運動的半徑，就是車廂重心跟軸 $\overline{MN}$ 之間的距離。設這個距離是 6 公尺，旋轉木馬轉數是每分鐘 4 轉，那麼，車廂每秒鐘轉出全圓的 $\frac{1}{15}$ 。從這裡算出它的圓周速度是

$$v=\frac{1}{15}\times 2\times 3.14\times 6\approx 2.5\text{公尺／秒}$$

現在來求由力 R 產生的加速度的值：

$$a=\frac{v^2}{r}=\frac{250^2}{600}\approx 104\text{公分／秒}^2$$

因爲力是跟加速度成正比的，所以

$$\tan\alpha=\frac{104}{980}\approx 0.1\text{，}\alpha\approx 7^\circ$$

我們方才已經知道，「新的體重」$Q=\frac{P}{\cos\alpha}$。因此

$$Q=\frac{P}{\cos 7^\circ}=\frac{P}{0.993}=1.007P$$

假如一個人在正常條件下體重是 60 公斤，那麼現在的體重就增加了大約 420 克。

在這種一般的、轉得比較慢的旋轉木馬上，體重的增加並不顯著，但是在半徑小轉速高的離心機械上，這種重量的增加有時候可能達到極大的數值。有一種名叫「超離心機」的裝置，它的旋轉部分每分鐘可以轉 80000 轉之多。如果使用這種裝置，可以使重量增加 25 萬倍！在這種儀器上實驗最小的水滴，如果它的正常重量只有 1 毫克，就會變成 $\frac{1}{4}$ 公斤的重物。

目前，大型的離心機被用來考驗人對大幅度超重的耐力，這對實現今後的星際航行具有極其重大的意義。只要通過一定方式選定半徑和旋轉速度，就能使被試驗的人得到所需要的加重。實驗證明，人無疑可以在幾分鐘之內承受本身體重 4 ～ 5 倍的超重，對身體沒有危害，而這就可以使他能夠安全地向宇宙空間飛去。

現在，你可能會變得謹慎一些，在對親友祝福的時候，不再祝福體重增加，而改祝福身體的質量增加了。

5.4　不安全的旋轉飛機

有一個公園打算修建一座旋轉飛機，這東西設計得很像孩子們玩的「轉繩」，只是在繩索（或杆子）的末端裝上模型飛機。這些繩索在快速旋轉的時候，應該被拋離開去，並且把「飛機」連同乘客一同向上升起。修建的人打算讓這座轉塔達到一定數目的轉數，使繩索或杆子幾乎升到水平的位置。但是這個設計並沒有實現，因爲人們知道了只有當繩索是相當顯著地傾斜的時候，乘客的健康才不至於受到危害。繩索跟鉛直線間最大極限的傾斜角值，不難從人體只能安全無害地承受 3 倍重量這一點來計算出來。

這裡，前節的圖 44 對我們很有幫助，我們要使人爲的體重 Q 不超過天然的體重的 3 倍，就是最多它們的比值可爲

$$\frac{Q}{P}=3$$

但是

$$\frac{Q}{P}=\frac{1}{\cos\alpha}$$

因此

$$\frac{1}{\cos\alpha}=3, \cos\alpha=\frac{1}{3}\approx 0.33$$

從而

$$\alpha\approx 71°$$

所以，繩索不應該偏離鉛直線超過 71°，也就是說，跟水平位置之間至少應該留有 19°。

圖 45 表示這種旋轉飛機。你看！圖上繩索的傾斜度還沒有達到它的極限值。

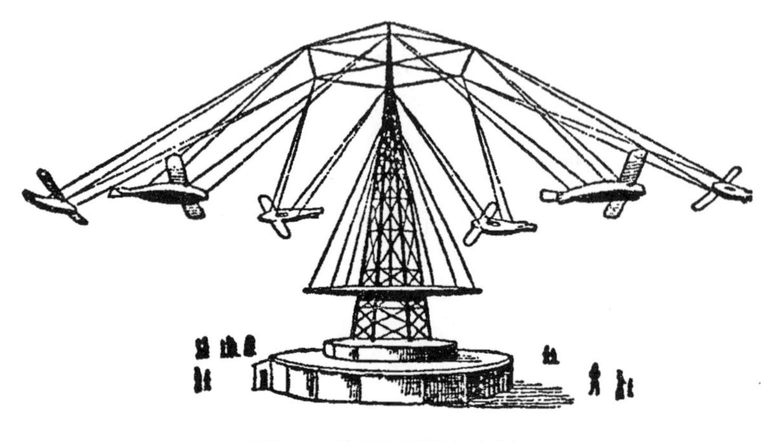

圖 45　裝有飛機的轉塔

5.5　鐵路轉彎的地方

「我坐在火車上，火車正在轉彎，我突然發現鐵路近旁的樹木、房屋、工廠煙囪等，都變成傾斜的了！」一位物理學家這樣敘述道。乘火車的旅客在火車開得很快的時候也常常可以看到這種現象。

這個現象不能看成是由於轉彎處外面一條軌道鋪得比裡面一條高，因此火車在彎路上是在某種傾斜狀態下前進。假如你從窗戶略探出頭去，不是通過傾斜的窗框來審看四周景物，上面說的錯覺仍然存在。

其實，經過前一節之後，似乎已經沒有必要詳細解釋這個現象的眞正原因了。讀者大概已經猜到，當火車在彎路上前進的時候，懸在車裡的懸錘一定是處在傾斜的狀態。這個新的鉛直線代替了乘客的原有鉛直線，因此一切原是鉛直的東西，對乘客都變成傾斜的了[1]。

垂直線的新方向，不難從圖 46 算出。圖上 P 表示重力，R 表示向心力，合力 Q 是乘客所感覺到的重力，車上一切物體都要向這個方向跌去。這個方向跟鉛直方向的偏斜角 α 的大小，可以從下式求出：

$$\tan\alpha=\frac{R}{P}$$

1　由於地球旋轉，地面上的點都是沿著弧線運動的，因此，即使是在「堅硬的大地」上，懸錘也不是嚴格地指向地球中心，而是跟這個方向偏斜成一個不大的角度（在 45° 的緯度上偏斜的角度最大，是 $6'$，在南北極和赤道上卻完全沒有偏斜）。

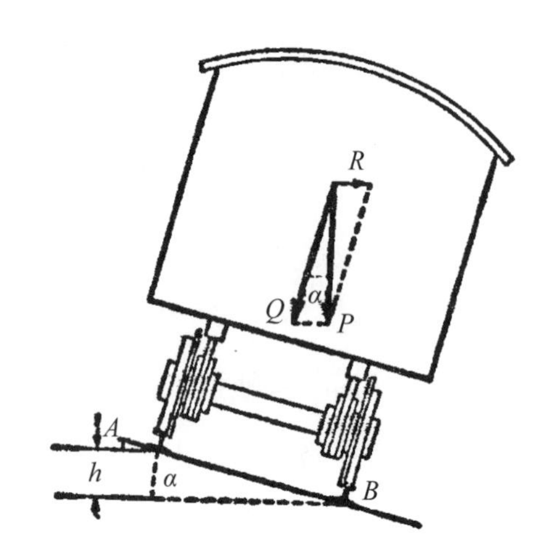

圖 46　車子在轉彎的時候，受到哪些力的作用？斜面表示路基截面的傾斜度

由於力 R 是跟 $\frac{v^2}{r}$ 成正比的，式子裡 v 是火車速度，r 是轉彎處的曲率半徑，而力 P 是跟重力加速度 g 成正比的，因此，

$$\tan\alpha=\frac{v^2}{r}\div g=\frac{v^2}{rg}$$

設火車速度是 18 公尺 / 秒（65 公里 / 小時），轉彎處的曲率半徑是 600 公尺。

那麼

$$\tan\alpha=\frac{18^2}{600\times9.8}\approx0.055$$

從而

$$\alpha\approx3°$$

我們對於這個「彷彿鉛直」[2] 的方向不可避免地會認做是鉛直的方向，眞正的鉛直方向卻誤認成偏斜 3° 的方向。火車在轉彎很多的山路上行駛的時候，旅客有時候會覺得四周的鉛直景物偏斜了 10° 之多。

要使火車在轉彎的時候保持平穩，在轉彎那一段鐵路外面的那條鐵軌應該鋪得比裡面那一條高，高出多少應該跟新的鉛直方向相對應。例如，對於剛才提的那一個轉彎的情形，外面那一條鐵軌 A（圖 46）假定應該鋪高 h，這個 h 應該對應下面的方程式：

$$\frac{h}{\overline{AB}}=\sin\alpha$$

式子裡 $\overline{AB}$ 是軌距，大約等於 1.5 公尺；$\sin\alpha=\sin 3^\circ=0.052$。

於是

$$h=\overline{AB}\sin\alpha=1500\times0.052\approx 80\text{毫米}$$

也就是外面的鐵軌應該鋪得比裡面鐵軌高出 80 毫米。顯然，這個數值只對一定的行車速度才適用，不能跟著火車速度改變而改變；因此，在修築鐵路的時候，一般都是根據最普通的行車速度來設計的。

5.6 不是給步行的人走的道路

我們站在鐵路的轉彎部分，很難發現外面的鐵軌比裡面的鋪高了一些。但是，自行車競賽場裡跑道的情形就不同了：這裡轉彎的曲率半徑要小得多，而速度卻相當快，因此傾

2　說得更正確一些，應該是對於這個觀察者的「暫時鉛直」方向。

斜角也就非常大。舉例來說，在速度 72 公里／小時（20 公尺／秒）、半徑 100 公尺的時候，傾斜角可以從下式算出：

$$\tan \alpha = \frac{v^2}{rg} = \frac{400}{100 \times 9.8} \approx 0.4$$

從而

$$\alpha = 22°$$

在這種道路上，步行的人自然是站不住的，但是騎自行車的運動員卻只有在這種道路上才覺得最平穩。這眞是重力作用的一件怪事！專門給汽車競賽用的道路也是這樣修建的。

在雜技表演裡，有時候可以看到更奇怪的事，雖說這種事情也完全符合力學的定律。進行表演的自行車騎手竟能在 5 公尺或更小半徑的「漏斗」裡面打轉，車子速度是 10 公尺／秒的時候，「漏斗」壁的傾斜度應該相當陡峭：

$$\tan \alpha = \frac{10^2}{5 \times 9.8} \approx 2.04$$

從而

$$\alpha \approx 63°$$

觀眾們以爲演員一定要有不尋常的技巧和技術，才能在這種明顯不自然的條件下立足，其實呢，在這個速度之下，這才是最平穩的狀態[3]。

3　關於自行車的把戲，可以參看《趣味物理學續篇》。

5.7 傾斜的大地

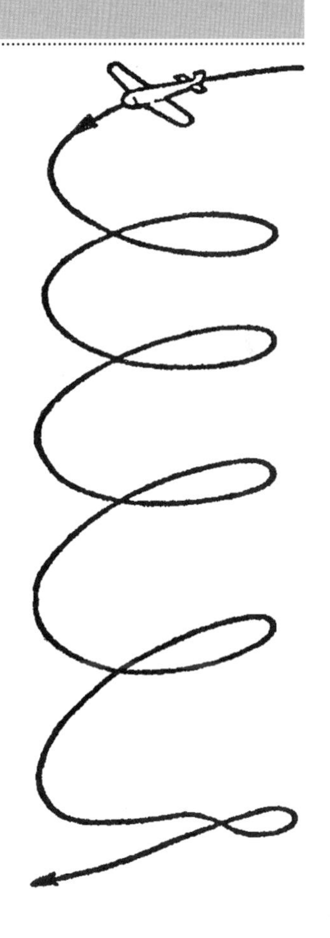

不管是誰，只要看過飛機在天空中繞圈子（急轉彎），看到飛機側傾得這麼厲害，他一定會以爲飛行員在飛機裡必定是小心翼翼地，怕從飛機裡面跌出來。但是事實上，飛行員甚至沒有感覺到他的飛機正在傾斜——對他來說，飛機是水平地在空中飛行著的。但是他也有另外一些異常的感覺：首先，他感到體重增加了，其次，他所看到的地面都變成了傾斜的。

讓我們做一個概略的計算，看看飛行員在「急轉彎」的時候，他所感到的水平面「傾斜」角度有多大，他的體重「增加」到什麼程度。

讓我們根據實際情況來決定計算需要的資料：飛行員用 216 公里 / 小時（60 公尺 / 秒）的速度盤旋飛行，旋轉的直徑是 140 公尺（圖 47）。傾斜角 α 可以從下式算出：

$$\tan\alpha = \frac{v^2}{rg} = \frac{60^2}{70\times 9.8} \approx 5.2$$

從而

$$\alpha \approx 79°$$

從理論上來看，對於這位飛行員，大地不但會變得傾斜，甚至幾乎豎立起來，傾斜得跟鉛直方向只差 11° 了。

圖 47　飛行員在做盤旋飛行

實際上，大概是由於生理上的原因，在這種情況下大地傾斜的角度，要比上式求出的數值略小一些（圖 48）。

至於「增加了的體重」，它跟原本體重的比值等於它們方向之間的夾角餘弦值的倒數，這個角的正切是 $\frac{v^2}{r}:g=5.2$。

從三角函數表可以求出相應的餘弦值是 0.19，它的倒數是 5.3。也就是說，做這樣飛行的飛行員壓向機座的力等於他在直線飛行時候的 5 倍，也就是說，他感到自己的體重彷彿變成了原來的 5 倍。

圖 49 和圖 50 是另外一個例子，在這種情況下飛行員看到的地面也是傾斜的。

體重的這種人爲增加會造成飛行員的致命傷，就曾經有過這樣的事情：一位飛行員駕著飛機做「螺旋」飛行（依小半徑螺旋線急轉下降）的時候，不但不能從機座上起身，甚至不能用手做出動作。計算說明，他這時候的體重變成了原來體重的 8 倍！而在做了最大努力之後，才得倖免於難。

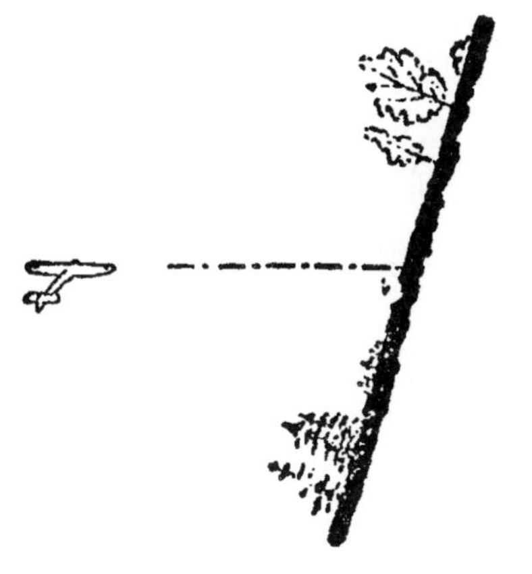

圖 48　在飛行員眼中看起來是這樣（參看圖 47）

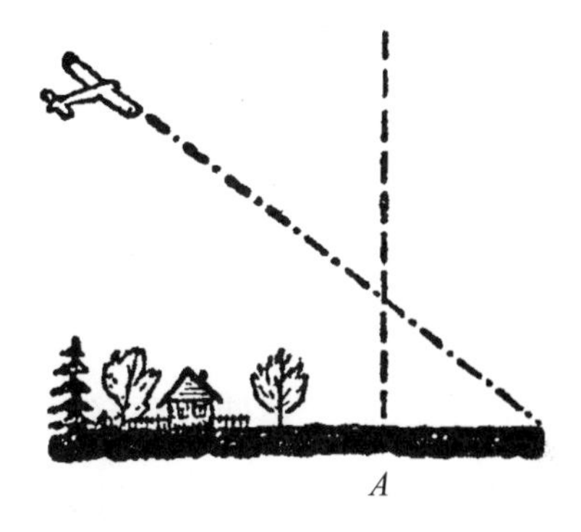

圖 49　飛行員用 190 公里 / 小時速度做大半徑（520 公尺）的曲線飛行

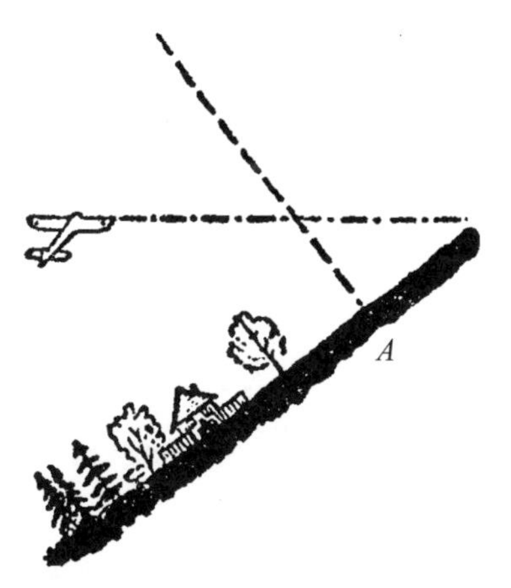

圖 50　在飛行員眼中看起來是這樣（參看圖 49）

5.8 河流為什麼是彎的？

人們很早就知道河流有像蛇一樣彎曲的傾向。河流的彎曲不應該認爲都是由地形造成的。有的地區可能完全平坦，可是河流還是蜿蜒曲折。這很奇怪，不是嗎？在這樣的地區，河流應該很自然地選擇直線的方向呀？

可是，進一步的研究會使我們發現更意外的事情：即使是對於在平坦地區上流動的河流，直線方向也是最不穩定的，因此也是最不可能產生的。要想使河流保持直線方向，只能在理想的條件下實現，而這種條件實際上是永遠不會有的。

試假設一條河，在大致同樣的土壤上嚴格地依一條直線流動著。讓我們來證明這種直線流動不可能持續得很長久。由於偶然的原因，例如土壤的不同，水流在某個地方偏移了一些。之後會怎麼樣呢？河流會自動恢復它的流動方向嗎？不，偏移的情況會越來越大。在彎曲的地方（圖 51），由於水是在依曲線流動，在離心力作用下要壓向凹入的岸 *A*，沖洗這一岸，同時離開了凸出的一岸 *B*。而要使河流恢復直線的方向，卻恰好需要相反的情況——需要沖洗凸出的一岸，離開凹入的岸。凹入的一岸受到沖洗，凹入的程度開始加大，河流彎曲的曲率也開始加大，這樣一來離心力也就加大，接著對凹入一岸的沖洗作用也隨著加強。因此只要形成即使是最小的彎曲，這個彎曲就會不停地增長。

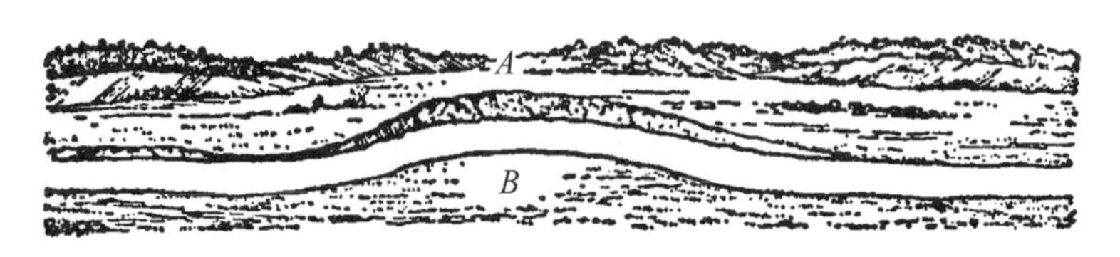

圖 51　河流極小的一些彎曲會不停地增長

由於水流靠凹入的一岸流得比靠凸出的一岸快，因此水流攜帶的泥沙多沉積在凸出的一岸；而凹入的一岸恰恰相反，發生了更強烈的沖洗，結果靠這一岸的河就變得比較深。

由於這個原因，凸出的一岸就變得比較平坦，而且更加凸出，凹入的一岸卻變得很陡峭。

使小河發生輕微的、最初的彎曲的偶然原因，幾乎是不可避免的，因此，河流就不可避免地會越來越彎曲，在相當時間之後就變成蜿蜒曲折的了。

研究一下河流彎曲的進一步發展情況是很有趣的。河床逐步改變就像圖 52 的 *a* 到 *h* 所示，圖 52*a* 是稍稍彎曲的小河，在圖 52*b* 裡，水流已經沖成了凹入的河岸，並且已經稍稍離開了傾斜的凸出的一岸。圖 52*c* 表示河床更擴大了，而在圖 52*d* 裡，已經彎成了寬廣的河谷，河床在河谷裡只占一部分地位。圖 52*e*、*f*、*g* 是河谷的進一步發展，圖 52*g* 表示河床的彎曲已經大到幾乎形成一個環套。最後，從圖 52*h* 可以看到，河流是怎樣在彎曲的河床相接近的部位上為自己打通道路，從那裡抄了近路，在沖成的河谷的凹入部分留下了所謂弓形沼或牛軛湖——留在河床被遺棄部分的死水。

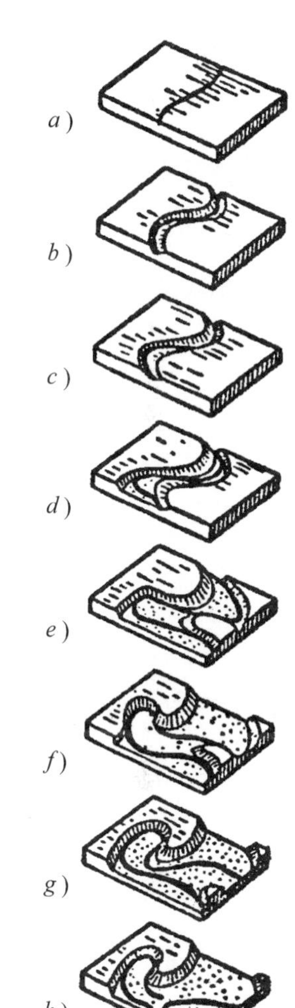

圖 52　河床的彎曲是怎樣逐漸增長的

讀者自己就能猜到，為什麼河流在它所造成的平坦的河谷裡不在中間流或順著一邊流，而總是從一邊折向另一邊——從凹入的一邊折向最近凸出的一邊[4]。

力學就是這樣控制著河流的地質命運的。我們上面所說的現象，當然是在很長的一段時間裡逐漸發生，這種時間是要論千年計算的。但是，你可以在每個春天看到跟上面說的許多細節相近的現象（當然規模要小得多），只要注意觀察融化的雪水在冰凍的雪地上沖出的小水流就行了。

4 地球的自轉作用會使北半球的河流沖洗右岸比較嚴重，南半球的河流沖洗左岸比較嚴重。這裡我們完全沒有考慮到地球的自轉作用。

第6章 碰撞

Mechanics

6.1 研究碰撞現象為什麼重要？

力學裡面有一章，專門討論物體的碰撞。這一章學生一般都不感興趣，對這一章理解得很慢，忘記得卻很快，給自己留下一個不愉快的記憶，好像只有一大堆複雜的公式。但是事實上這一章是應該受到重大關注的。有過那麼一個時期，人們曾經想用兩個物體的碰撞來解釋大自然的一切現象。

19 世紀的著名自然科學家居維葉曾經說過：「我們如果沒有了碰撞，就不可能得到有關原因和作用之間關係的明確印象。」一種現象，只有在把它的原因歸結到分子的互相碰撞上的時候，才被認為是解釋明白了。

是的，想從這樣的起點出發去解釋世界，並沒有成功：許許多多的現象——電氣現象、光學現象、地球引力，都不能這樣解釋。但是，就在今天，物體的碰撞在解釋大自然各種現象的時候還是起著重大的作用。氣體分子運動論就是一個例子，它就是把許多現象看做是許許多多不斷地互相碰撞的分子的無秩序運動。此外，我們在日常生活和工程技術的每一步，也可以遇到物體的碰撞。所有一切承受撞擊作用的機器和建築，組成部分的強度計算都要使它們能夠承受撞擊負荷，因此，力學裡這一章的知識絕對是不可缺少的。

6.2 碰撞的力學

懂得物體碰撞的力學，就等於懂得怎樣預先知道兩個互撞物體在碰撞以後速度有多少。這個碰撞後的速度要看互撞的物體是非彈性的（碰撞以後不會跳開）呢？還是彈性的呢？

如果是非彈性物體，互撞的兩個物體在碰撞以後會取得相同的速度，這個速度的大小可以根據混合法由互撞物體的質量和原來的速度求出。

你把每公斤 8 元的咖啡 3 公斤和每公斤 10 元的咖啡 2 公斤混在一起，這種混合咖啡每公斤的價格就應該是

$$\frac{3\times 8+2\times 10}{3+2}=8.8\text{元}$$

同樣，當質量是 3 公斤、速度是 8 公分 / 秒的非彈性物體，跟另一個質量是 2 公斤、速度是 10 公分 / 秒的非彈性物體相撞的時候，每個物體碰撞以後的速度應該是

$$u=\frac{3\times 8+2\times 10}{3+2}=8.8\text{公分 / 秒}$$

一般說，當質量分別是 m_1 和 m_2、速度分別是 v_1 和 v_2 的兩個非彈性物體互相碰撞的時候，它們碰撞以後的速度是

$$u=\frac{m_1v_1+m_2v_2}{m_1+m_2}$$

假如我們把速度 v_1 的方向算成正的，那麼速度 u 前面的正號就表示物體在碰撞以後向跟 v_1 相同的方向運動，負號表示向相反的方向運動。關於非彈性物體的碰撞，需要記住的就只有這些。

彈性物體的碰撞就比較複雜一些：這種物體碰撞的時候，在碰撞的部位上不但會發生凹陷（和非彈性物體一樣），並且接著又會凸起來，恢復原來的形狀。在凸起的階段，追撞的物體除了在凹陷的階段已經失去了一份速度以外，還要再失去同樣的一份速度，而被追撞的物體除了在凹陷的階段已經增加了一份速度之外，還要再增加同樣的一份速度。比

較快的物體會失去兩份速度，比較慢的物體會增加兩份速度，對於彈性碰撞所應該記住的，就只有這些，其餘就純粹是數學上的計算了。設比較快的物體速度是 v_1，另一個物體的速度是 v_2，它們的質量分別是 m_1 和 m_2。假如這兩個物體都是非彈性的，那麼碰撞以後每個物體都要用這樣的速度運動：

$$u=\frac{m_1v_1+m_2v_2}{m_1+m_2}$$

第一個物體所失去的速度是 v_1-u，第二個物體所增加的速度是 $u-v_2$。而在彈性物體的情形，我們已經知道，速度的失去和增加都是雙份的，就是 $2(v_1-u)$ 和 $2(u-v_2)$。因此，在彈性碰撞之後，物體的速度 u_1 和 u_2 應該是：

$$u_1=v_1-2(v_1-u)=2u-v_1$$

$$u_2=v_2+2(u-v_2)=2u-v_2$$

剩下的只是把 u 的值（見本節上面所說的）代入就可以了。

我們已經研究了碰撞的兩個極端情況——完全非彈性物體的碰撞和完全彈性物體的碰撞。但是，還可能有中間的情況——互撞的物體不是完全彈性，就是在碰撞的第一個階段以後，並不完全恢復它原來的形狀。對於這種情況，我們接下來還會回頭來談，這裡只要知道上面所說的這些就可以了。

彈性碰撞的情況，我們還可以根據下面簡短的規則來掌握：物體互撞以後，用碰撞前互相接近的速度離去。這規則只要簡單地思考一下就可以得到：

物體碰撞前互相接近的速度是 v_1-v_2，

物體碰撞後互相離去的速度是 $u_2 - u_1$。

把 u_1 和 u_2 的值代入上式，得：

$$u_2 - u_1 = 2u - v_2 - (2u - v_1) = v_1 - v_2$$

這個性質之所以重要，不但是因爲其可以爲彈性碰撞提供一幅清晰的圖畫，而且還有另外一層道理。在求公式的時候，我們曾經說到「去撞的物體」和「被撞的物體」，或是「追撞的物體」和「被追撞的物體」，當然，這是跟某個不參加運動的第三者相對來說的。但是在本書第一章裡（關於兩顆雞蛋的題目）我們已經提過，去撞的和被撞的物體之間沒有什麼差別：這兩個角色可以互換，而毫不影響整個現象。這一點在本節裡是不是也同樣適用呢？假如把角色互換一下的話，前面求出的公式會不會算出不同的結果？

不難看出，這樣變動之後，上面公式算出的結果一點也不會變，這是因爲不管從哪一個觀點來看，物體碰撞以前的速度差總是一樣的。因此，碰撞以後物體互相離去的速度也就不變（$u_2 - u_1 = v_1 - v_2$）。換句話說，不管從哪一個觀點來看物體碰撞以後的運動情況總是這樣。

下面是有關絕對彈性球碰撞的一些有趣的資料。直徑同是 7.5 公分左右的兩個鋼球，用 1 公尺／秒的速度互撞的時候，產生的作用力是 1500 公斤重，用 2 公尺／秒的速度互撞的時候，作用力是 3500 公斤重。鋼球互撞時接觸部位的圓的半徑，在 1 公尺／秒的速度的時候是 1.2 毫米，2 公尺／秒的速度的時候是 1.6 毫米。碰撞持續的時間在這兩種情形都大約是 $\frac{1}{5000}$ 秒，這個時間極短，所以鋼球在這麼大的壓力（每平方公分 15 ～ 20 噸）之下能夠不損壞。

不過這樣短的碰撞時間只有對於小球來說才是對的。計算告訴我們，如果鋼球像行星那樣大（比方半徑 =10000 公里），用 1 公分 / 秒的速度互撞，那碰撞的時間應該是 40 小時。這時候接觸部分的圓的半徑是 12.5 公里，而互相擠壓的力量會達到 4 億噸！

↪ 6.3 研究一下你的皮球

我們在前一節裡看到的關於物體碰撞的公式，實際上很少能夠直接應用。在實際上，可以大致認爲「完全非彈性」或「完全彈性」的物體，是極少見的，絕大多數物體既不屬於前一類，也不屬於後一類，這些物體可以形容爲「不是完全彈性的」。試取皮球做例子，讓我們問一下自己：皮球是怎樣一件東西？從力學觀點看，是完全彈性的呢？還是不是完全彈性的？

試驗球的彈性方法很簡單：只要讓它從一定高度落向堅硬的地面就行。一顆完全彈性的球落下以後應該跳到原來落下的高度，非彈性的球則完全不能夠跳起（這一點從物理學的認識上已經很清楚了）。

那麼，一顆不是完全彈性的皮球，它的情況會怎麼樣呢？要說明這點，讓我們把彈性碰撞深入研究一下。皮球到了地面，它跟地面接觸的部位被壓扁，這個壓力減低了球的速度。到這一步爲止，球的情況一直和非彈性物體一樣；也就是說，它在這時候的速度等於 u，失去的速度是 $v_1 - u$。但是被壓扁的地方馬上又重新凸起，這時候球自然要向妨礙它凸起的地面作用，因此又產生一個力作用在球上，減低球的速度。假如這時候球完全恢復了它的原來形狀，就是它的形狀變化跟它被壓扁的時候的程序正好相反，那麼新失去的速度應該跟前一個階段相等，就是等於 $v_1 - u$，因此，總的說來一個完全彈性的皮球的速度應該減少 2（$v_1 - u$），變成

$$v_1-2(v_1-u)=2u-v_1$$

我們說皮球「不是完全彈性的」，事實上是想形容這個球在受到外力作用下改變了形狀以後，不能完全恢復它原來的形狀。它在恢復形狀時的作用力要比當初改變它形狀的力小，跟這個相應的，在恢復形狀的階段所失去的速度要比第一階段失去的小；它不是 $v_1 - u$，而只是這個值的一部分，用係數 e 表示（e 叫做「恢復係數」）。這樣，彈性碰撞的時候，失去的速度在前一階段等於 $v_1 - u$，在後一階段等於 e（$v_1 - u$）。總共失去的速度等於（$1+e$）（$v_1 - u$），而碰撞以後剩下的速度 u_1 等於

$$u_1=v_1-(1+e)(v_1-u)=(1+e)u-ev_1$$

至於被撞的物體（在這裡就是指地面），它在皮球的作用下，根據反作用定律後退，這個速度 u_2 也不難算出，應該等於

$$u_2=(1+e)u-ev_2$$

兩個速度的差（$u_2 - u_1$）等於 $ev_1 - ev_2=e$（$v_1 - v_2$），從而可以求出「恢復係數」

$$e=\frac{u_2-u_1}{v_1-v_2}$$

對於向固定不動的地面上碰撞的皮球，$u_2=$（$1+e$）$u - ev_2=0$，$v_2=0$。

因此

$$e=\frac{-u_1}{v_1}$$

但是 u_1 是球跳起以後的速度，等於$\sqrt{2gh}$，式子裡 h 是球跳起的高度；$v_1=\sqrt{2gH}$，式子裡 H 是球落下的高度。因此

$$e=\sqrt{\frac{2gh}{2gH}}=\sqrt{\frac{h}{H}}$$

這樣，我們找到了求皮球「恢復係數」的方法，這個係數可以表示球「不是完全彈性」的不完全程度。方法很簡單，只要測出球落下的高度和跳起的高度，把這兩個數的比值開方，就得到所求的係數了。

根據運動規則，一顆良好的網球從 250 公分高度落下的時候，應該能跳起 127 ～ 152 公分高（圖 53）。因此，網球的恢復係數應該在$\sqrt{\frac{127}{250}}$到$\sqrt{\frac{152}{256}}$的範圍之內，也就是在 0.71 到 0.78 之間。

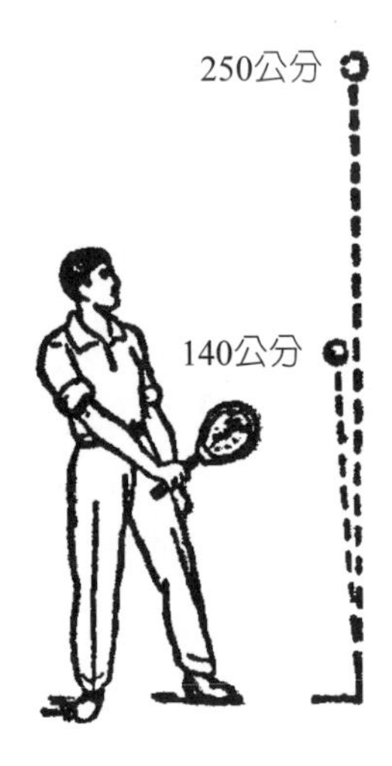

圖 53　好的網球在從 250 公分高的地方落下的時候，應該能跳起大約 140 公分高

讓我們取平均值 0.75，或者可以說是用「彈性 75%」的球舉例，做幾個運動員們極感興趣的計算。

第一個題目：讓這個球從高度 H 落下，第二次、第三次以及以後各次跳起會有多高？

我們已經知道，在第一次跳起的時候，球跳起的高度可以用下式求出：

$$e=\sqrt{\frac{h}{H}}$$

用 $e=0.75$，$H=250$ 公分代入：

$$0.75=\sqrt{\frac{h}{250}}$$

從而 $h\approx 140$ 公分。

第二次跳起的時候，就是從 $h=140$ 公分高的地方落下以後跳起來，球跳到的高度假定是 h_1，這時候：

$$0.75=\sqrt{\frac{h_1}{140}}$$

從而 $h_1\approx 79$ 公分。

球第三次跳起時候的高度 h_2 可以從下式求出：

$$0.75=\sqrt{\frac{h_2}{79}}$$

從而 $h_2\approx 44$ 公分。

以下的計算可以照這樣繼續進行下去。這個球如果從艾菲爾鐵塔的高度（$H=300$ 公尺）落下來，假如不計算空氣阻力的話，第一次會跳起 168 公尺、第二次 94 公尺等等（圖

54），實際上由於速度很大，因此空氣阻力也是很大的。

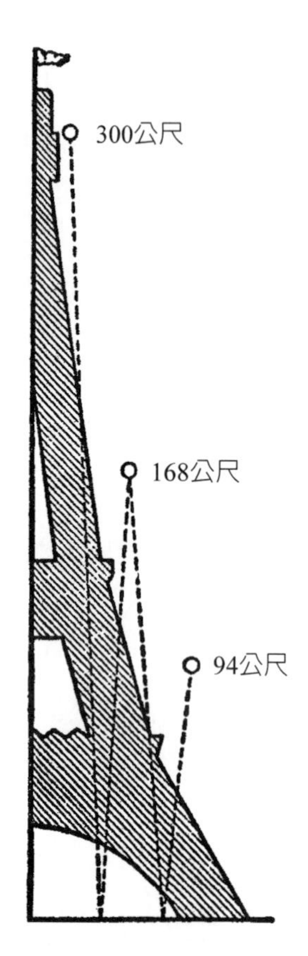

圖 54　從艾菲爾鐵塔上落下的球能跳起多高

第二個題目：球從高度 H 落下以後，能跳起多少時間？

我們知道

$$H=\frac{gT^2}{2}, h=\frac{gt^2}{2}, h_1=\frac{gt_1^2}{2}$$

因此，

$$T=\sqrt{\frac{2H}{g}}, t=\sqrt{\frac{2h}{g}}, t_1=\sqrt{\frac{2h_1}{g}}$$

各次跳起的總時間等於

$$T+2t+2t_1+\cdots\cdots$$

就是

$$\sqrt{\frac{2H}{g}}+2\sqrt{\frac{2h}{g}}+2\sqrt{\frac{2h_1}{g}}+\cdots\cdots$$

經過一番演算之後（擅長數學的讀者不難自己算出），上面各項的和可以用下式表示：

$$\sqrt{\frac{2H}{g}}(\frac{2}{1-e}-1)$$

把 H=2.5 公尺，g=9.8 公尺／秒^2，e=0.75 各值代入，得到跳起的總時間是 5 秒，就是說球會持續跳動 5 秒鐘。

假如讓球從艾菲爾鐵塔頂上落下來，在沒有空氣阻力的情況下，球會持續跳動將近一分鐘，準確些是 54 秒鐘，只要球在碰撞的時候沒有撞碎。

球從幾公尺高的地方落下的時候，速度並不大，因此空氣阻力也不很大。人們做過這樣一個實驗，讓恢復係數 0.76 的皮球從 250 公分高的地方落下，這球在沒有空氣的情況下，第二次應該跳到 84 公分高，但它實際上跳到 83 公分高，這裡可以看到，空氣阻力幾乎並沒有起什麼影響。

6.4 在槌球場上

槌球撞到一個不動的球上，造成了力學上所謂「正面碰撞」和「連心碰撞」，這就是碰撞的方向跟通過碰撞施力點的球的直徑方向相同的一種碰撞。

兩個球在相撞以後，會發生什麼情況呢？

兩個球的質量相等。假如它們是完全非彈性的，那麼相撞以後的速度應該彼此相等，都是去撞的那個球的速度的一半。這從下式可以看出：

$$u=\frac{m_1v_1+m_2v_2}{m_1+m_2}$$

式子裡 $m_1=m_2$，$v_2=0$。

相反，假如兩個球都是完全彈性的，那麼，透過簡單的計算（具體演算我們交給讀者自己去做）可知，兩個球的速度正好對調：去撞的一個球在相撞以後停止下來，而原來不動的球卻用去撞的球的速度向碰撞的方向運動。打撞球的時候，兩球（象牙球）相撞所發生的情況就差不多是這樣，這種球的恢復係數比較大（象牙的恢復係數 $e=\frac{8}{9}$）。

但是槌球的恢復係數卻小得多（$e=0.5$），因此碰撞的結果跟剛才所說的並不相同。兩個球在碰撞以後仍然繼續運動，但是速度不同：去撞的球要落在被撞的球的後面，詳細情形可以通過物體碰撞的公式來解釋。

設「恢復係數」（它的求法讀者已經從上面知道了）是 e。在上節裡，我們求出兩個球

碰撞以後的速度 u_1 和 u_2 分別等於：

$$u_1=(1+e)u-ev_1\text{，}u_2=(1+e)u-ev_2$$

這裡，和之前的公式一樣，

$$u=\frac{m_1v_1+m_2v_2}{m_1+m_2}$$

對於槌球，$m_1=m_2$，$v_2=0$。把這兩個值代入，得到：

$$u=\frac{v_1}{2}\text{, }u_1=\frac{v_1}{2}(1-e)\text{, }u_2=\frac{v_1}{2}(1+e)$$

此外，不難看出，

$$u_1+u_2=v_1 \qquad u_2-u_1=ev_1$$

現在我們已經能夠準確地預先說出兩個相撞的槌球的命運了：去撞的球的速度在兩個球之間做了這樣的分配，使被撞的球運動得比去撞的球快，快的速度是去撞的球的原來速度乘上 e。

舉一個例子。設 $e=0.5$，這時候，在碰撞以前靜止的球，會取得去撞的球的原來速度的 $\frac{3}{4}$，而去撞的球本身卻跟在被撞的球後面，只保留了原來速度的 $\frac{1}{4}$。

6.5 「力從速度而來」

托爾斯泰寫的《讀本第一冊》裡，說了這樣一個故事：

有一次，火車正在鐵路上疾馳。鐵路上，在和馬路交叉的地方，有一匹馬和載著重物的大車停在那裡。一個大漢正趕馬越過鐵路，馬卻拖不動大車，因爲有一邊車輪脫落了。乘務員向司機喊道：「快點煞車！」可是司機沒聽他的話，他發現那個大漢既不能把馬和車趕走，又不能將它挪開，而火車也不可能馬上停下來。他沒有去停車，卻把火車用最快的速度猛向大車衝去。大漢嚇得趕緊逃開了，至於火車呢？把大車和馬像木片似地拋到一旁，本身卻沒有受到任何震動，繼續開走了。這時候司機對乘務員說：「現在我們只撞死了一匹馬，撞壞了一輛大車，但假如我聽了你的話，我們自己就會受到損傷，全體乘客也要遭殃。在快速行駛的時候，我們把大車撞開，火車不會受到震動，而如果用低速前進，火車就會出軌。」

這件事可以從力學觀點上來解釋嗎？這裡是兩個不是完全彈性物體的碰撞，而被撞的物體（大車）在碰撞以前是靜止不動的。設用 m_1 和 v_1 表示火車的質量和速度，用 m_2 和 v_2（$v_2=0$）表示大車的質量和速度，應用我們已經知道的公式：

$$u_1=(1+e)u-ev_1 \qquad u_2=(1+e)u-ev_2$$

$$u=\frac{m_1v_1+m_2v_2}{m_1+m_2}$$

把後式的分子和分母用 m_1 除，得到：

$$u=\frac{v_1+\frac{m_2}{m_1}v_2}{1+\frac{m_2}{m_1}}$$

但是大車質量跟火車質量比起來微不足道，把它們的比值$\frac{m_2}{m_1}$當做零的話，得到：

$$u \approx v_1$$

代入第一式：

$$v_1=(1+e)v_1-ev_1=v_1$$

這就是說，火車在碰撞以後仍然用原來的速度疾馳，乘客們也感覺不到任何震動（感覺不到速度的改變）。

至於大車怎麼樣呢？它在被撞以後的速度$u_2=(1+e)u=(1+e)v_1$，比火車速度還大 ev_1。火車在碰撞以前的速度 v_1 越大，大車突然得到的速度就越大，把大車毀掉的碰撞力量也越大。這一點在這裡具有重要的意義：要想使火車避免事故，一定要克服大車的摩擦，如果碰撞的能量不夠，大車會停留在鐵軌上，成爲嚴重的阻礙。

所以，火車司機把火車加速的做法是完全正確的：由於這樣做，火車本身不受到震動，卻可以把大車從鐵軌上撞開。應該指出，托爾斯泰的這篇故事是爲他那個時代速度比較慢的火車而設的。

6.6 受得住鐵錘重擊的人

雜技表演的這個節目，往往會讓觀眾產生強烈的印象，表演者平臥在地上，胸上放著一個沉重的鐵砧，兩個大力士高高掄起沉重的鐵錘，向鐵砧上用力打去（圖 55）。

這會使你不由自主地感到驚奇：一個活人怎麼能夠毫無損傷地承受這樣的震動。

可是，彈性物體的碰撞定律卻告訴我們，鐵砧比鐵錘重得越多，鐵砧在碰撞的時候所得到的速度就越小，也就是說，人感覺到的震動也越輕。

圖 55　兩個大力士掄起鐵錘，向鐵砧上用力打去

下面是彈性碰撞的時候被撞物體速度的公式：

$$u_2=2u-v_2=\frac{2(m_1v_1+m_2v_2)}{m_1+m_2}-v_2$$

這裡 m_1 是鐵錘的質量，m_2 是鐵砧的質量，v_1 和 v_2 是它們碰撞以前的速度。首先，我們知道 $v_2=0$，因爲在碰撞以前鐵砧是靜止不動的。因此，上式可以寫成：

$$u_2=\frac{2m_1v_1}{m_1+m_2}=\frac{2v_1\times\frac{m_1}{m_2}}{\frac{m_1}{m_2}+1}$$

（我們把分子和分母用 m_2 除了）。假如鐵砧的質量 m_2 比鐵錘的質量 m_1 大很多，$\frac{m_2}{m_1}$ 的值就很小，可以在分母裡忽略不計。這時候鐵砧碰撞之後的速度就是

$$u_2=2v_1\times\frac{m_1}{m_2}$$

就是只有鐵錘速度 v_1 的極小的一部分[1]。

舉例來說，如果鐵砧的質量是鐵錘的 100 倍，它的速度就只有鐵錘速度的 $\frac{1}{50}$：

$$u_2=2v_1\times\frac{1}{100}=\frac{1}{50}v_1$$

鍛工從實踐當中知道，使用輕錘錘擊，錘擊作用不可能傳遞到深處去。現在我們已經很明白，爲什麼對躺臥在鐵砧下面的表演者來說，鐵砧越重越是適合了。最困難的點只在於要能夠在胸上不受損傷地承受這樣一個重量。假如把鐵砧底部製成特別的形狀，使它能夠用比較大面積貼附人體，而不是只在不大的某幾部分接觸的話，這就是可以做到的事。這時候鐵砧的重量會分布在比較大的面積上，因此每平方公分上所分到的重量其實並不很大，而且在鐵砧的底和人體之間加一層柔軟的襯墊也是有幫助的。

表演者沒有必要在鐵砧的重量上對觀眾進行欺騙，但是在鐵錘的重量上進行欺騙卻有一定的好處，可能正是因爲這個緣故，雜技團裡的鐵錘並不像看上去的那麼沉重。假如鐵錘是空心的，它打下去的力量在觀眾眼裡並不會因而減小，但是鐵砧的震動卻會跟鐵錘質量的減輕成比例地減弱了。

1　我們在這裡把鐵錘和鐵砧看作是完全彈性物體。讀者假如把這兩個物體看作不是完全彈性的，透過類似的演算可以知道，結果並沒有很大的改變。

第7章 略談強度

Mechanics

7.1 關於海洋深度的測量

海洋的平均深度大約4公里，但是在某些地點，深度要比這個數目大出一倍甚至更多。前面已提過，海洋的最大深度大約到11公里。要想測量這種深度，得垂下一條超過10公里以上長度的金屬絲。但是這麼長的金屬絲重量相當大，它會不會在自重的作用下斷掉呢？

這不是一個無趣的問題，計算證明這個問題的提出很適當。試取11公里長的銅線爲例：設用 D 表示銅線的直徑（用公分計算）。它的體積應該是 $\frac{1}{4}\pi D^2 \times 1100000$ 立方公分。我們知道，每1立方公分的銅，在水裡大約重8克，因此這條銅線在水裡的重量是：

$$\frac{1}{4}\pi D^2 \times 1100000 \times 8 = 6900000D^2\text{克}$$

假設銅線直徑是3毫米（D=0.3公分），它在水裡的重量應該是620000克，也就是620公斤。這樣粗細的銅線能夠經受大約 $\frac{3}{5}$ 噸重的負載嗎？這裡我們要暫時離開本題，花一些篇幅來談一談使金屬絲或杆斷裂的力問題。

力學中的一個學科，稱爲「材料力學」，告訴我們用來使金屬絲或杆斷裂的力的大小，跟金屬絲或杆的材料、截面大小和施力的方法有關。在這裡，跟截面的關係比較簡單：截面積增加多少倍，需要用來使金屬絲或杆斷裂的力也要增加多少倍。至於跟材料的關係，當杆的截面積是1平方毫米的時候，拉斷各種材料的杆所需要的力，已經用實驗確定下來了。各種工程手冊上一般都記載有這個力的數值表，這個表就稱爲抗斷強度表。圖56用實物表示這個表。從這個表上可以看到，要拉斷一條鉛絲（截面積1平方毫米），要用1公斤的力，拉斷一條同樣粗細的銅絲要用40公斤，而拉斷一條青銅絲要100公斤等等。

可是，工程上卻絕不容許讓杆件受到這麼大的力的作用。如果這樣，這個結構就是非常靠不住的。只要材料上有極細微的、肉眼看不到的缺陷，只要由於震動或溫度改變產生了極微小的過負載，杆件就會斷裂，整個結構就會受到破壞。因此，一定要取一個「安全係數」，就是使作用力只達到斷裂負載值的幾分之一——例如 $\frac{1}{4}$ 、 $\frac{1}{6}$ 、 $\frac{1}{8}$ ，視材料和工作條件而定。

現在，再回到剛才已經開始的計算上。要拉斷直徑 D 公分的銅線，要多大的力才夠呢？它的截面積是 $\frac{1}{4}\pi D^2$ 平方公分或 $25\pi D^2$ 平方毫米。從我們的形象化的表（圖 56）裡可以查到，截面積 1 平方毫米的銅線，會在 40 公斤的力的作用下斷裂。可見得要使上面所述的銅線斷掉，只要 $40\times 25\pi D^2=1000\pi D^2=3140D^2$ 公斤的力就夠了。

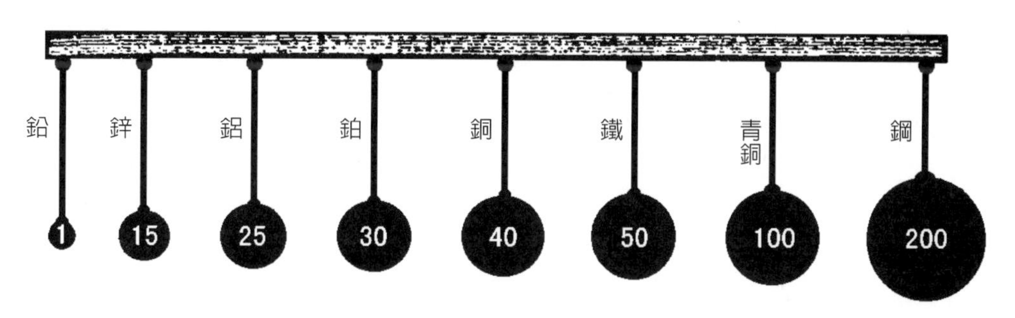

圖 56　不同材料的金屬絲，要多大重量才能把它們拉斷？（截面積 1 平方毫米，重量單位公斤）

而銅線本身，根據前面的計算，一共有 $6900D^2$ 公斤重——比需要用來拉斷的力大一倍多。因此，你可以看到，即使不說什麼安全係數，銅線也是不能用來測量海洋深度的，因爲在 5000 公尺長的時候，它就已經會在自重的作用下斷掉了。

7.2 最長的懸垂線

一般說來，每一條金屬絲都有一個極限長度，到了這個長度便會由於自重而斷掉。一條懸垂線不可能有任意的長度，也就是說它的長度有一個不可能超越的限度。在這裡，加粗金屬絲是沒有用的，因爲把直徑加倍固然可以使它經得住 4 倍的重量，但是它的重量也增加到了 4 倍。極限長度跟金屬絲的粗細無關，只看它是什麼材料製成的：對於鐵，是一個極限長度；對於銅，是另一個極限長度；對於鉛，又是一個極限長度。要想求出這個極限長度，並不困難，讀者在做了上一節的演算之後，不必再解釋就可以了解了。假如金屬絲的截面積是 s 平方公分，長 L 公里，金屬絲材料每 1 立方公分重 ρ 克，那麼整條金屬絲重就是 $100000sL\rho$ 克；它所能經受得住的重量是 $1000Q\times100s=100000Qs$ 克，這裡 Q 是在 1 平方毫米截面積時候的斷裂負載值（用公斤計算）。因此，在極限的情況下

$$100000Qs=100000sL\rho$$

從而算出極限長度是

$$L=\frac{Q}{\rho}$$

這個簡單的式子可以用來很容易地算出各種材料的金屬絲或線的極限長度。前面我們已經求出銅線在水裡的極限長度；在水外這個長度更小，是 $\frac{Q}{\rho}=\frac{40}{9}\approx4.4$ 公里。

下面是另外幾種金屬絲的極限長度：

鉛絲⋯⋯⋯⋯⋯⋯⋯200 公尺

鋅絲⋯⋯⋯⋯⋯⋯⋯2.1 公里

鐵絲⋯⋯⋯⋯⋯⋯⋯7.5 公里

鋼絲⋯⋯⋯⋯⋯⋯⋯25 公里

但是實際上當然不可以採用這種長度的懸垂線，因爲這會使它們立即達到使之斷裂的負載值。因此只會使它們達到斷裂負載值的一部分，譬如說，對於鐵絲和鋼絲，就只能使它們受到斷裂負載值的 $\frac{1}{4}$ 。因此，在實際上使用懸垂鐵絲的時候，一般不會超過 2 公里長，鋼絲則不會超過 6.25 公里長。

如果是把金屬絲垂到水裡，極限長度對鐵絲和鋼絲來說，就可以增加 $\frac{1}{8}$ 。但是即使這樣，也還不能夠到達最深的海底。要做這樣的測量，一定要用特殊型號的堅固鋼絲[1]。

1　現代已經不用金屬絲來測量海洋的深度，而是利用海底回聲來進行海深的測量（回聲測深法）。參看本書作者所著的《趣味物理學》第十章。

7.3 最強韌的材料

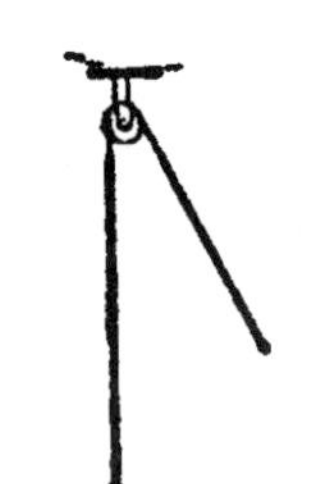

圖 57　1 平方毫米截面的鎳鉻鋼絲能夠承受 250 公斤的重量

在抗張強度特別高的材料當中，有一種被稱作鎳鉻鋼：要想把截面積 1 平方毫米的這種鋼絲拉斷，要用上 250 公斤的力。

這個概念，假如看一下圖 57，就可以有更好的體會：圖示一條細鋼絲（直徑只比 1 毫米略粗些）承受了一隻肥豬的重量。用來測量海洋深度的金屬線就是用這種鋼製成的。這種鋼每 1 立方公分在水裡重 7 克，而每 1 平方毫米的容許負載值在這種情況下是 $250 \times \frac{1}{4}=62$ 公斤（安全係數 4），因此這種鋼絲的極限長度是

$$L=\frac{62}{7}=8.8\text{公里}$$

但是海洋最深的地方要比 8800 公尺更深。因此只好採用比較小的安全係數，這樣就要十分小心地使用這種測深鋼絲，以便能夠達到最深的海底。

在用風箏帶著儀器進行高空探測的時候，也有同樣的困難。例如，當風箏升到 9 公里或更高的時候就是這樣，這時候鋼絲不但要經受自重的張力，還得承受風對鋼絲和風箏的壓力（風箏尺寸爲 2×2 公尺）。

7.4 什麼東西比頭髮更強韌？

人的頭髮乍看好像只能跟蜘蛛絲去比哪一個強韌。但是事實並不是這樣：頭髮要比許多金屬更強韌！眞的，人的頭髮雖然只有 0.05 毫米粗細，卻能夠承受 100 克的重量。讓我們算算看，截面 1 平方毫米的頭髮能夠承受多少重。直徑 0.05 毫米的圓，面積是

$$\frac{1}{4}\times 3.14\times 0.05^{2}\approx 0.002\text{平方毫米}$$

就是 $\frac{1}{500}$ 平方毫米。這就是說，$\frac{1}{500}$ 平方毫米面積上可以承受 100 克重；那麼 1 平方毫米面積上應該可以承受 50000 克，就是 50 公斤重。看一看圖 56 形象化的表可以知道，人的頭髮在強度上的地位應該排在銅和鐵之間……

所以，頭髮比鉛、鋅、鋁、鉑、銅都更強韌，只不及鐵、青銅和鋼。

圖 58　根據我們前面所述的，這張圖不會使你太驚奇吧？不難算出，200000 根髮辮能承受 20 噸的重量，也就是說，女子的髮辮可以承受一輛滿載的卡車

因此，小說《薩蘭博》的作者描述，古代迦太基人認爲婦女的髮辮是做投擲機的牽引繩的最好材料，就不是沒有道理了。

7.5 自行車架為什麼是管子做的？

假如某管子的環形截面在面積上跟某實心杆的截面相等，管子跟實心杆相比，在強度上有哪些優點呢？對於這個問題，假如所談的只是關於抗斷和抗壓強度的話，答案是一點優點都沒有：拉斷或壓裂管子和實心杆所需要的力並沒有什麼不同。但是在抗彎強度上，它們的區別就很大了：要把一段實心杆彎曲，要比彎曲一段環形截面積跟杆截面積相等的管子容易得多。

關於這一點，伽利略——強度科學的奠基人，早就指出這一點。下面我打算再引用伽利略著作裡的一段，還望讀者不要責備我對這位卓越學者的過分偏愛。伽利略在他的《論兩種新科學及其數學演化》裡說道：

我想再談幾句關於空心或中空的固體抗力方面的意見，人類的技藝（技術）和大自然都在盡情地利用這種空心的固體。這種物體可以不增加重量而大大增高它的強度，這一點不難在鳥的骨頭上和蘆葦上看到，它們的重量很小，但是有極大的抗彎和抗斷力。麥稈所支持的麥穗重量，要超過整棵麥莖的重量，假如麥稈用同樣份量的物質卻生成實心的而不是空心的，它的抗彎和抗斷力就會大大減低。實際上也曾經發現並且用實驗證實了，空心的棒以及木頭和金屬的管子，要比同樣長短、同樣重量的實心物體更加堅固，當然實心的比空心的要細一些。人類的技藝就把這個觀察到的結果應用到製造各種東西上，把某些東西製成空心的，使它們又堅固又輕巧。

如果我們進一步研究一下，當樑被彎曲的時候所產生的應力怎麼樣，便會懂得爲什麼空心的物體比實心的更加堅固。設有杆 $\overline{AB}$（圖 59），兩端支起來，中間受到重物 Q 的作用。在這個重物的作用下，杆就向下彎曲，這時候發生了什麼變化呢？樑的上半部被壓縮了，下半部卻相反地被拉伸了，而中間有一層（所謂「中立層」）既沒有受到壓縮，也沒有受到拉伸。在被拉伸的部分，產生了反抗拉伸的彈性力；在被壓縮的部分，產生了反抗壓縮的彈性力。這兩個力都想使樑恢復直的形狀。這個抗彎力隨著樑的彎曲程度而增大（假如不超出所謂「彈性極限」的話），直到和 Q 力所產生的拉伸力和壓縮力相等爲止，這時候彎曲就停止了。

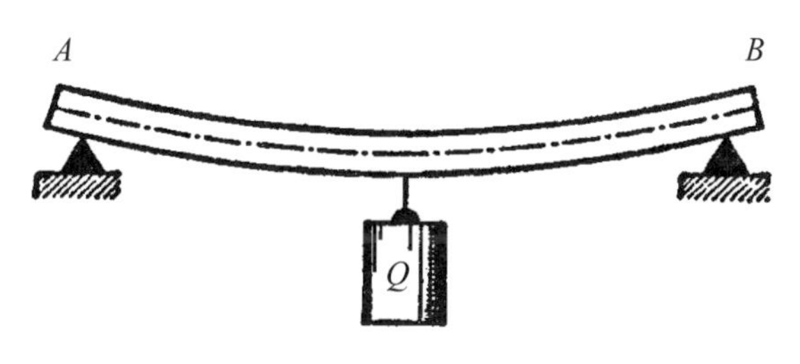

圖 59　樑的彎曲

這裡，你可以看到，對彎曲有最大反抗作用的是樑的最上一層和最下一層，中間各層離中立層越近，這個作用就越小。因此，樑的截面形狀最好是使大部分材料都離中立層越遠越好。舉例來說，工字樑和槽樑（圖 60）上的材料就是這樣分布的。雖然這樣，樑壁也不應該過分單薄，它應該保證兩個樑面相互間不變動位置，並且保證樑的穩定性。

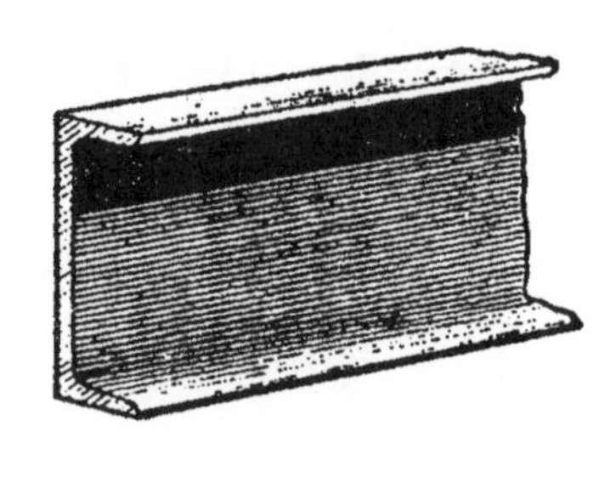

圖 60　工字樑（左）和槽樑（右）

在節省材料的意義上，比工字樑更完善的形式是桁架。桁架上（圖 61）直接除去了接近中立層的全部材料，因此也就比較輕便。這裡把杆 a、b……k 用弦杆 $\overline{AB}$ 和 $\overline{CD}$ 連結起來，代替了整塊材料。讀者從上面所述可以知道，在負載 F_1 和 F_2 的作用下，上弦杆會被壓縮，下弦杆卻會被拉伸。

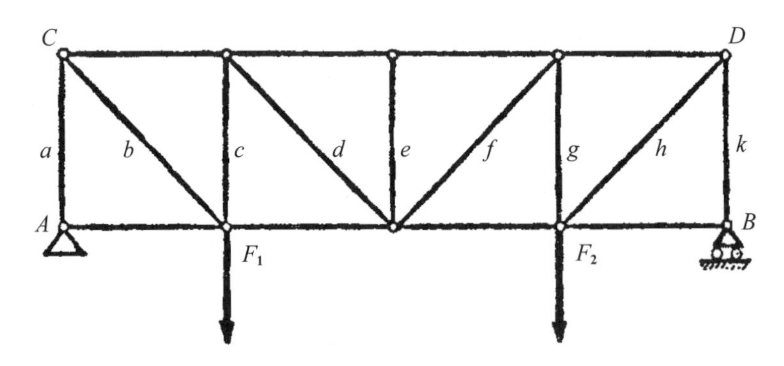

圖 61　桁架就強度來說代替了實體的樑

現在，讀者對於管子比實心杆優越的道理，當然也就明白了。我這裡只再加上一個數字來說明。設有兩根同樣長短的圓形樑，一根是實心的，另外一根是管子，管子的環形截面積跟實心樑的相同。兩根樑的重量自然也都一樣。但是在它們的抗彎力上卻有很大的差別：計算告訴我們，管子樑[2]在抗彎力上比實心樑大 112%，就是大一倍以上。

7.6　七根樹枝的寓言

夥伴們，一把掃帚，如果把它解開，你能把枝條一根根折斷；要是繫好呢？看你還折不折得斷它。

——綏拉菲莫維奇《在夜晚》

大家都知道那個七根樹枝的古老寓言。父親為了使兒子們和睦地一同生活下去，把七根樹枝束成一束，叫他們折斷這束樹枝。兒子們一個個地試了一試，都失敗了。這時候父親把這束樹枝拿了過來，把它拆散，就很容易地一根根地折斷了。

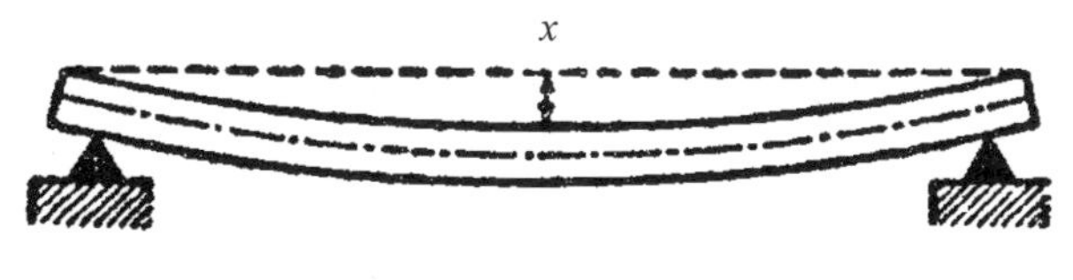

圖 62　撓度 x

2　指在管子的內徑跟實心樑直徑相等的情況下。

這個寓言如果從力學的觀點（從強度的觀點）來做一番研究，也很有趣。

在力學裡，杆的彎曲大小是用所謂「撓度」x（圖 62）來度量的。樑的撓度越大，離折斷的時間就越近。撓度的大小用下式表示：

$$撓度x=\frac{1}{12}\times\frac{Fl^3}{\pi Er^4}$$

式子裡 F 是作用在杆上的力，l 是杆的長度，$\pi=3.14\cdots\cdots$，E 是表示杆材料的彈性性質的數值，r 是圓杆半徑。

試把這個公式應用到樹枝束上。樹枝束裡七根樹枝的位置大約像圖 63 所示的樣子，圖上表示了樹枝束的一個端面。我們把這個樹枝束看成一個實心杆（這就必須要求把樹枝束捆紮得十分緊），雖然只是大概這樣，但是我們並不要求很精確的答案。這個樹枝束的直徑，從圖上不難看出，等於一根樹枝的 3 倍。我們可以說明，彎曲（折斷也是一樣）個別的樹枝，要比彎曲（折斷）整個樹枝束容易許多倍。在這兩種情況下，如果想得出一樣的撓度，對於一根樹枝要花的力量是 f，對於整個樹枝束要花的力量是 F，f 跟 F 之間的比例可以從下式得出：

$$\frac{1}{12}\times\frac{fl^3}{\pi Er^4}=\frac{1}{12}\times\frac{Fl^3}{\pi E(3r)^4}$$

從而

$$f=\frac{F}{81}$$

可見得，雖然父親要花七次的力量，但是每次所花力量卻只等於每個兒子所花的 $\frac{1}{81}$。

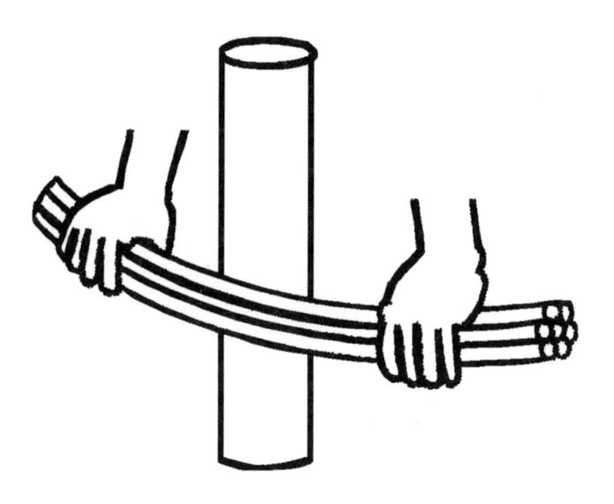

圖 63　七根樹枝的樹枝束

功、功率、能

第 8 章

Mechanics

8.1 許多人對功的單位還不了解的地方

「什麼叫做公斤重一公尺[1]？」

「公斤重一公尺是把1公斤物體提升到1公尺高度所做的功」，一般都是這樣回答。

對於功的單位做出這樣的定義，許多人都認為是詳盡無遺漏的了，特別是如果再加上一句：這個提升是指在地面上進行。可是，假如你也滿足於這樣的定義，那你最好再把下面的題目好好研究一下：

一門大炮，炮膛長1公尺，筆直地向空中射出了1公斤重的炮彈，炮膛裡的火藥氣體一共只在1公尺的一段距離上起作用。由於在炮彈整個行程的其餘部分，氣體壓力都等於零，這些氣體自然是把1公斤炮彈提升到1公尺的高度，也就是說，一共只做了1公斤重—公尺的功。難道大炮所做的功只有這麼小嗎？

假如真是這樣的話，那就用不著火藥了，用手也可以把炮彈拋到這個高度。顯然，在這個計算裡面一定有一個粗心的錯誤。

是什麼樣的錯誤呢？

錯誤在於我們在考慮所做的功的時候，只注意了這個功比較小的一部分，而忽略了最主要的部分。我們沒有考慮到，炮彈在炮膛裡走到終點的時候有了速度，這個速度是炮彈在發射以前所沒有的。這就是說，火藥氣體的功並不只表現在把炮彈提升1公尺上面，還

1　公斤重一公尺，舊制功的單位。1公斤重一公尺≈9.8焦耳。

表現在給炮彈一個極大的速度上面。剛才沒有考慮到的這一部分功，如果知道炮彈的速度，就很容易求出。假設炮彈速度是 600 公尺／秒，就是 60000公分／秒，那麼，當炮彈質量是 1 公斤（1000 克）的時候，炮彈的動能應該是

$$\frac{mv^2}{2}=\frac{1000\times 60000^2}{2}=18\times 10^{11}\text{爾格}=1.8\times 10^5\text{焦耳}$$

這大概相當於 18000 公斤重一公尺。

看！只是由於對公斤重一公尺所下的定義錯誤，竟忽略了多麼大的一部分功！

這個定義應該怎樣補充，現在自然已經很清楚了！

公斤重一公尺是在地球表面上提升 1 公斤原本靜止的重物到 1 公尺高度時所做的功，這裡有一個條件，就是，提升到最後重物的速度應該是零。

8.2　怎樣產生1公斤重一公尺的功？

把 1 公斤的砝碼提升到 1 公尺，這好像並沒有什麼困難。可是，要用多大的力量來提這個砝碼呢？用 1 公斤重的力是提不起來的，要用比 1 公斤重大的力（超過砝碼重量的力就是用來使砝碼運動的力）。但是，不斷作用的力會使被提升的重物產生加速度，因此我們的砝碼在提升到最後時，會有一定的速度，這個速度不是零——這就是說所做的功也不是 1 公斤重一公尺，而是比 1 公斤重一公尺多些。

要怎麼做才能使 1 公斤的砝碼提升 1 公尺的時候，恰好做出 1 公斤重一公尺的功呢？可以這樣來提升這個砝碼：在開始提升的時候，要用一個比 1 公斤重還大一些的力從下面

推砝碼向上。這樣就會給砝碼一個一定的、向上的速度，然後再減少或者完全停止手的施力，讓砝碼的運動慢下來。手停止向砝碼施力的時刻要選得適當，使得砝碼慢下來以後，恰好在它的速度變成零的時候完成它 1 公尺的運動路程。這樣做的話，就不是向砝碼加一個大小不變 1 公斤重的力，而是一個大小有變換的力，這個力先是比 1 公斤重大，後來又比 1 公斤重小，我們就可以做出恰好是 1 公斤重一公尺的功。

8.3 怎樣計算功？

我們剛才已經看到，提升 1 公斤重物到 1 公尺高要恰好做出 1 公斤重一公尺的功是多麼複雜的事。因此，最好根本不要去採用這個公斤重一公尺的定義，這個定義看來簡單，實際上卻叫人模糊。

下面這個定義就方便得多，而且不會產生什麼誤會：公斤重一公尺是 1 公斤重的力在 1 公尺路程上所做的功，假如力的作用方向和路程方向一致的話。

最後這一句的條件——方向一致，是完全必要的，假如忽略了這個條件，功的計算就會產生極大的錯誤[2]。

2 讀者之中可能有人提出意見：即使在這種情況下，物體在路程的最後不是也仍然會有一定的速度應該被考慮的嗎？因此好像應該認為 1 公斤重的力在 1 公尺路程上所做的功比 1 公斤重一公尺大。說這個物體在路程的最後有一定速度，是完全正確的。但是力所做的功正是要給物體一個一定的速度，使它保有一定的動能，這個動能就恰好是 1 公斤重一公尺。假如不這樣的話，那就會破壞能量守恆定律：所得到的能量比所耗費的能量小。至於把物體垂直提升，那又是另一回事了：在把 1 公斤的重物提升到 1 公尺高的時候，位能增加到 1 公斤重一公尺，如果物體還取得一定的動能，那所得到的能就不止 1 公斤重一公尺了。

想要比較引擎的工作能力，就要比較它們在相同時間裡所做的功，最方便的時間單位是秒。因此，力學裡面引進了度量工作能力的一個名詞，叫做功率。所謂引擎的功率就是指引擎在 1 秒鐘裡所做的功。在工程上，功率的單位有瓦特和馬力兩種，1 馬力等於 735.499 瓦特。

讓我們演算下面一個題目，當做例子。

一部重 850 公斤的汽車，用每小時 72 公里的速度在水平的直路上行進。求汽車的功率，設行進的時候受到的阻力是它重量的 20%。

首先，讓我們求出使汽車行進的力。在等速運動的時候，這個力完全跟阻力相等，就是

$$850 \times 0.2 = 170\text{公斤重}$$

現在來求汽車在 1 秒鐘裡面走的路程，這個速度等於

$$\frac{72 \times 1000}{3600} = 20\text{公尺／秒}$$

因為產生運動的力的方向跟運動方向一致，所以把力乘每秒鐘走的路程，就可以得到汽車在 1 秒鐘裡所做的功，也就是汽車的功率：

170 公斤重 ×20 公尺／秒 =3400 公斤重—公尺／秒≈ 34000 瓦特。

換算成馬力的話，大約為

$$34000 \div 735 \approx 46\text{馬力}$$

8.4 拖拉機的牽引力

【題】 拖拉機「掛鉤上」的功率是 10 馬力。求在換到下面各檔（速度）的時候它的牽引力，設：

第一檔速度…………2.45 公里／小時

第二檔速度…………5.52 公里／小時

第三檔速度…………11.32 公里／小時

【解】 功率（用瓦特計算）就是 1 秒鐘裡的功，在這裡也就是等於牽引力（用牛頓計算）和每秒所走的路程（用公尺計算）的相乘積，因此，對於「第一檔」速度可以列出方程式：

$$735 \times 10 = x \times \frac{2.45 \times 1000}{3600}$$

式子裡 x 是拖拉機的牽引力。解方程式，得到 $x \approx 10000$ 牛頓。

同樣可以求出「第二檔」速度的時候拖拉機的牽引力是 4400 牛頓，「第三檔」速度的時候是 2200 牛頓。

跟一般人的「常識」相反，竟是運動的速度越小的時候牽引力越大。

ଓ 8.5 活體引擎和機械引擎

一個人能不能夠產生 1 馬力的功率呢？換句話說，他能不能夠在 1 秒鐘裡面完成 735 焦耳的功？

一般認爲，人在正常工作條件下的功率大約爲 $\frac{1}{10}$ 馬力，就是大約 70 ～ 89 瓦特，這種看法是完全正確的。但是，在特別的條件下，人可以在短時間裡面發出大很多的功率。譬如說，當我們匆匆地奔上樓梯的時候（圖 64），所做的功就在 80 焦耳 / 秒以上。假如我們每秒鐘使身體升高 6 個梯階，那麼，設體重是 70 公斤，梯階每階高 17 公分，我們所做的功就是

$$70\times6\times0.17\times9.8\approx700\text{焦耳}$$

圖 64　人這時候可以產生 1 馬力的功率

就是將近 1 馬力，也就是說，大約等於一匹馬的功率的 $1\frac{1}{2}$ 倍。當然這樣緊張的動作我們只能維持幾分鐘，然後就得休息。假如把這些沒有動作的時間也算在內，那麼我們的功率平均不超過 0.1 馬力。

多年前，在短距離（90 公尺）賽跑的時候，曾經發生過這樣的情形：運動員發揮了 5520 焦耳 / 秒的功率，就是 7.4 馬力。

馬也能夠把自己的功率提高到 10 倍或更多的倍數。舉例來說，體重 500 公斤的馬，在 1 秒鐘裡做 1 公尺高的跳躍，做的功是 5000 焦耳（圖 65），這大約相當於

$$5000 \div 735 = 6.8\text{馬力}$$

圖 65　馬在這時候會產生 7 馬力的功率

這裡讓我提醒大家，1 馬力功率實際上相當於一匹馬的平均功率的 $1\frac{1}{2}$ 倍，因此在剛才這個例子裡，功率已經提高到 10 倍以上了。

活體引擎能在短時間裡面提高自己功率到許多倍，這是活體引擎比機械引擎好的地方（圖 66）。在良好平坦的公路上，10 馬力的汽車無疑要比兩匹馬的馬車更好。但是在沙地上汽車就會陷在沙裡面，而兩匹馬呢？牠們能在需要的時候產生 15 馬力或者更大的功率，因此能夠克服這一個阻礙。有一位物理學家曾經就這件事情說過：「從某些觀點來看，馬確實是極有用處的機器，牠的效能在汽車沒有發明之前我們還不能好好體會，一般馬車都只套兩匹馬；而汽車呢？爲了不至於在每一座小丘面前停下來，卻一定相當於要套上至少 12 到 15 匹馬。」

圖 66　活體引擎比機器好

8.6　一百隻兔子和一隻大象

可是在比較活體引擎和機械引擎的時候，還要注意另外一個重要的事實。那就是數匹馬的力量並不是按照算術加法的規則總合起來的。兩匹馬一齊拉的時候，力量比一匹馬的兩倍要小，三匹馬一齊拉的力量也比一匹馬的三倍小等等。之所以產生這種現象，是因爲套在一起的幾匹馬，用力並不協調，有時候還會彼此妨礙。實際經驗告訴我們，不同數目的馬套在一起的時候，牠們的功率是這樣：

套在一起的馬匹數	每匹馬的功率	總功率
1	1	1
2	0.92	1.9
3	0.85	2.6
4	0.77	3.1
5	0.7	3.5
6	0.62	3.7
7	0.55	3.8
8	0.47	3.8

從上表可以看出，五匹馬共同工作，所提供的牽引力並不是一匹馬的 5 倍，而只是 $3\frac{1}{2}$ 倍，八匹馬所產生的力量只是一匹馬的 3.8 倍，假如再增加馬的匹數，結果還會更差。

從這裡可以知道，比方說一部 10 馬力的拖拉機，在實用上絕不能夠用 15 匹馬來代替。

一般來說，不管多少匹馬也不能代替一輛即使馬力相當小的拖拉機。

法國人有一句俗話：「一百隻兔子變不出一隻大象來。」而我們呢？也可以用同樣正確的話來說：「一百匹馬代替不了一部拖拉機。」

8.7 人類的機器奴隸

我們四周有不少的機械引擎，但是我們並不總是對我們「機器奴隸」的威力有很好的了解。機械引擎比活體引擎好的地方，首先是在比較小的體積裡面集中了巨大的功率。古代所知道的最強大「機器」就是強壯的馬或是大象。那時候要想加大功率，只能增加牲口的數目。至於把許多馬的工作能力結合在一部引擎裡，這是新時代的技術所解決的問題。

一百多年前，最強而有力的機器是 20 馬力的蒸汽機，重 2 噸。產生每馬力平均要 100 公斤的機器重量。爲了簡便起見，讓我們把 1 馬力的功率和一匹馬的功率等同起來。那麼，就馬來說，每馬力要有 500 公斤重（馬的平均重量），而就機械引擎來說，每馬力大約要 100 公斤重，蒸汽機就像把五匹馬的功率合併到一匹馬的身上一樣。

現代 2000 馬力的火車重 100 噸，它的每馬力重量就更小。而功率 4500 馬力的電氣火車重 120 噸，因此每馬力只有 37 公斤的重量。

在這方面，有巨大進步的是航空引擎。一部 550 馬力的航空引擎只重 500 公斤：這裡每馬力只有 1 公斤不到的重量。圖 67 形象化地說明了這些比值：馬頭上塗黑的部分表示，在各種機械引擎裡，一馬力平均重量多少。

表現得更清楚的是圖 68：圖上小馬和大馬表示，鋼鐵「肌肉」多麼微不足道的重量在和活牲口的巨大肌肉相抗衡。

圖 67　馬頭上塗黑部分清楚地表明，在各種機械引擎裡，1 馬力平均的重量多少

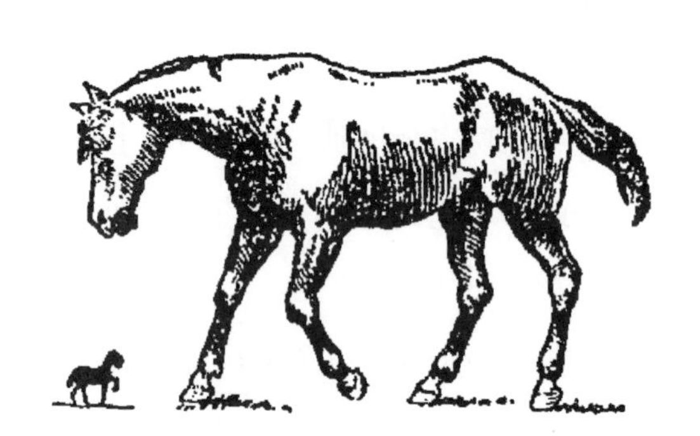

圖 68　航空引擎和馬在功率相同的情況下重量的比較

最後，圖 69 可以使我們明顯地看到一部小型航空引擎的功率和馬的功率的對比：162 馬力的引擎的汽缸容量一共只有 2 升。

圖 69　汽缸容量 2 升的航空引擎，功率是 162 馬力

在這場競賽裡，現代技術還沒有做出最後的結語[3]。我們還沒有把燃料裡所含的全部能量都挖掘出來。現在我們來看看，在 1 大卡熱量裡面到底蘊藏著多少功，所謂 1 大卡就是用來使 1 公升水升高溫度 1℃的熱量。1 大卡熱量如果全部（100%）變成機械能，可以提供 4186 焦耳的功，能夠把 427 公斤的重物提升 1 公尺（圖 70）。可是，現代的熱力引擎只能把它的 10% ～ 30% 用到有益工作上，也就是這些引擎從鍋爐裡產生的每 1 大卡熱量裡只能取用 1000 焦耳左右的功，而不是理論上的 4186 焦耳。

在人類發明的各種產生機械能的能源當中，哪一種功率最大呢？答案是火器。

3　在今天，這方面表現最佳的應該首推火箭引擎，它能在很短的時間內產生幾十萬甚至幾百萬以上馬力的功率。

圖 70　1 大卡熱量變成機械能以後，能夠把 427 公斤的重物提升 1 公尺

現代步槍重大約 4 公斤（實際起作用的部分只有這個重量的一半），發射的時候可以產生 4000 焦耳的功。這看起來彷彿不大，但是我們不要忘記，槍彈只當在槍膛裡滑動的極短時間裡受到火藥氣體的作用，這段時間一共只有 $\frac{1}{800}$ 秒鐘。引擎功率是用每秒鐘所做的功來度量的，因此，如果計算火藥氣體在一秒鐘裡所做的功，所得出的步槍發射功率就是一個很大的數字：4000×800=3200000 焦耳／秒或 4300 馬力。最後，把這個功率用步槍起作用部分的重量（2 公斤）除，就可知這裡平均每馬力只有極小極小的重量——半克！請設想一匹半克重的小馬：這匹像甲蟲大小的小馬，在功率上竟跟眞正的馬不相上下！

如果不是講功率和重量的比值，而是講絕對功率，那麼一切紀錄都要被大炮給打破。大炮能夠把 900 公斤重的炮彈用 500 公尺／秒的速度發射出去（而且這並不是這個技術的最終成就），在 $\frac{1}{100}$ 秒裡可以產生大約 1 億 1 千萬焦耳的功。圖 71 明顯地表示了這個巨大的功：它相當於把 75 噸的重物（75 噸重的輪船）提升到齊阿普斯金字塔頂（150 公尺）所做的功。這個功是在 0.01 秒裡產生的，因此，這個功率是 110 億瓦特或 1500 萬馬力。

圖 72 表示一門巨型海軍炮的能量，也很能說明問題。

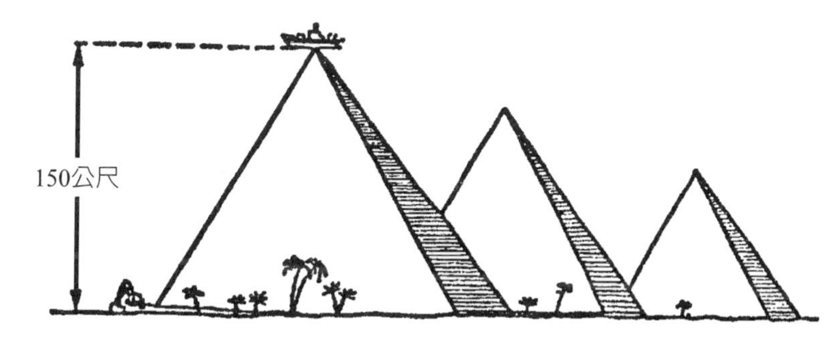

圖 71　要塞炮炮彈所做的功，足夠把 75 噸重物升高到最高金字塔的頂端

圖 72　相當於發射巨型海軍炮彈的能量的熱，可以把 36 噸冰塊融化

8.8 不老實的秤貨法

舊社會裡不老實的商人這樣秤量貨物：他不是把最後用來取得平衡的一份貨物放到秤盤上，而是從高一些的地方把它丟下去。這時候天秤盛貨物的一邊就傾側下去，欺騙了老實的顧客。

假如顧客能夠等到天秤停下來，那麼他會發覺所秤的貨物還不夠使天秤平衡。

原因是，落下的物體加到著力點的作用力，要超過物體本身的重量。這可以從下面的計算來看清楚。設有 10 克重量的物品從 10 公分高的地方落到秤盤上，這個重量落到秤盤的時候，應該有的能量等於重物重量和落下高度的相乘積：

$$0.01\text{公斤重} \times 0.1\text{公尺} = 0.001\text{公斤重—公尺} \approx 0.01\text{焦耳}$$

這個能量消耗在使秤盤下沉上，假設下沉了 2 公分。設用 F 表示這時候作用在秤盤上的力。從方程式

$$F \times 0.02 = 0.001$$

得到

$$F = 0.05\text{公斤} = 50\text{克}$$

你看，這一份貨物的重量雖然只有 10 克，卻在落到秤盤的時候，除了本身重量以外，還產生 50 克的作用力。顧客離開櫃檯的時候，以爲貨物一點也沒秤錯，其實卻少秤了 50 克。

8.9　亞里斯多德的題目

在伽利略奠定了力學基礎（1630年）的前2000年，亞里斯多德就寫了他的《力學問題》。在這部著作的 36 個問題當中，有下面這一個：

假如把一柄斧頭放到木頭上，上面壓上重物，那麼，木頭所受到的破壞作用將非常有限；但是如果除去重物，把斧頭提起砍到木頭上，木頭就能被劈開，這是什麼道理呢？而且，砍的時候落下來的重量還比壓在木頭上的重量小得多。

亞里斯多德在那個時代的模糊力學認知下，對於這個題目無法解答，讀者當中可能也有對這個題目無能爲力的。因此，讓我們進一步研究一下這位希臘思想家的題目。

斧頭在砍進木頭的時候，有什麼樣的動能呢？首先是人把它舉起的時候所產生的能，其次是它在向下運動的時候所取得的能。設斧頭重 2 公斤，被舉高到 2 公尺，被舉起時它所得到的能是 2×2=4 公斤重—公尺。斧頭落下的運動是在兩個力的作用之下發生的：一個是重力，一個是人的臂力。假如斧頭只是在本身重量作用之下落下來，它在落到底的時候所有的動能，應該等於被舉起時所得到的能，就是 4 公斤重—公尺。但是人手加快了斧頭的向下運動，使它有了更多的動能；假設人手在上下揮動時候的力量完全相同，那麼在落下時加上的一份能量應該等於舉高時的能量，也是 4 公斤重—公尺。因此，斧頭砍木頭的時候一共有 8 公斤重—公尺的能。

斧頭砍到木頭以後，還會一直砍進木頭裡去，砍進去多深呢？假定是 1 公分。這就是說，在短短 0.01 公尺的一段路途裡，斧頭的速度變成了零，因此也就是說，斧頭的動能全部消耗完了。知道了這一點，就不難算出斧頭加在木頭上的作用力。設用 F 代表這個作用力，那就有

$$F \times 0.01=8$$

從而得到力 F=800 公斤重。

這是說，斧頭是用 800 公斤重的力量砍進木頭的。這個重量雖說看不見，可是它的確有這麼大，這麼大的重量會把木頭劈開，又有什麼值得奇怪的呢？

亞里斯多德的題目就是這樣解答的。但是他又給我們提出了新的題目：人的肌肉力量原本並不能直接把木頭劈開；那麼，他怎麼會把自己沒有的力量傳到斧頭上去呢？答案原來是因為一上一下 4 公尺路程裡所得到的能，在 1 公分的一段路程裡完全消耗掉了。斧頭即使不用來劈東西，這個功率也抵得上一部「機器」（就像鍛錘）。

上面的說明使我們了解了，為什麼使用壓力機代替汽錘的時候，一定要用力量極大的壓力機；例如，150 噸的汽錘要用 5000 噸的壓力機才能代替、20 噸的汽錘要 600 噸的壓力機才能代替等等。

斬馬刀的作用也可用同樣的道理來說明。當然，力的作用集中到面積極小的刀刃上也有重大意義——每平方公分上的壓力會變得極大（幾百大氣壓）。但是揮動馬刀的幅度也很重要：在砍擊之前，斬馬刀的一端揮動了大約 1.5 公尺的一段路，而在敵人的身上一共只砍進了大約 10 公分，在 1.5 公尺的路程裡得到的能量在 $\frac{1}{10}$ 到 $\frac{1}{15}$ 的路程裡被消耗掉。由於這個緣故，戰士手臂的力量就好像增加到 10 到 15 倍。此外，砍的方式也很有關係：戰士

使用斬馬刀的時候，並不只是砍擊，而且在砍擊的一瞬間還把斬馬刀抽回來，因此斬馬刀是在砍切而不是砍擊。你不妨試著用砍擊的方法把麵包分成兩半，你會發覺，這比把麵包切開要困難得多了。

♋ 8.10 易碎物品的包裝

包裝易碎的物品一般都用稻草、刨花、紙條等材料來襯墊（圖 73），這樣做的目的是很明顯的，就是爲了預防震碎。可是，爲什麼稻草和刨花能夠保護物品不會被震碎呢？假如答案是因爲它們在震動的時候會「減緩」碰撞，那麼這個答案實際上只是把問題重述了一次，我們應該找出減緩碰撞的原因。

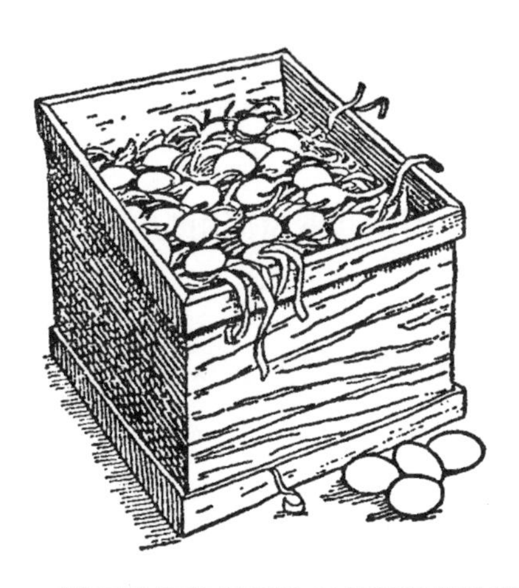

圖 73　雞蛋裝箱的時候為什麼要用刨花襯墊

原因有兩個。第一個原因是襯墊的材料加大了易碎物品互相接觸的面積：一件物品的尖銳棱角，通過襯墊材料和另一件物品接觸，就並不是點或線的接觸，而是片或面的接觸了。這時候，力的作用分布到比較大的面積上，因此壓力也就相應地減小了。

第二個原因只在震動的時候才表現出來。裝著杯盤的箱子如果受到震動，裡面的每一件物品就會開始運動，這個運動馬上會停止下來，因為鄰近的物品妨礙了它。這時候，運動的能量就會消耗在擠壓相撞的物品上，結果經常把物品撞碎。由於這個能量一共只消耗在極短的路程上，因此擠壓的力量一定非常之大，這樣這個力 F 和距離 S 的乘積（FS）才會等於所消耗的能量。

現在就可以明白柔軟襯墊的作用了：它使力的作用路程 S 加長，因此減弱了擠壓的力 F。沒有襯墊材料的話，這個路程極短，玻璃或雞蛋殼只要壓進幾 $\frac{1}{10}$ 毫米就會破碎。襯墊在跟物品互相接觸部分之間的稻草、刨花或紙條，把力的作用路程加長了幾十倍，於是也就把力減弱到幾 $\frac{1}{10}$。

這就是易碎物品之間的襯墊材料能起保護作用的第二個也是主要的原因。

8.11 是誰的能量？

圖 74 和圖 75 所示的兩種狩獵的機關，是非洲人布置的。一隻大象，如果觸動地面上張著的繩子，就會使一段沉重而且帶著尖叉的木頭落到牠的背上。圖 75 所示的機關更加巧妙：野獸觸動繩子以後，就會放開張滿的弓，使箭射到自己身上。

圖 74　非洲森林裡獵象用的機關

圖 75　獵獸用的弓箭機關（非洲）

這裡，用來殺傷野獸能量的來源是很明顯的——其實就是布置這個機關的人的能量變了一個樣子罷了。木頭從高處落下的時候所做的功，正好就是人把它舉到這個高度的時候所消耗的功。第二個機關裡的弓也只是把獵人拉弓的時候所做的功還了回來。在這兩種情況裡，野獸只是釋放了原來積存著的位能。這些機關如果要再使用，就得重新裝好。

在眾所周知的那篇關於熊和木頭的故事裡談到的那種機關，情形卻有些不同。熊看到樹上有一個蜂房，就順著樹幹爬了上去，半路碰到一段懸垂著的木頭阻礙去路（圖 76）。牠推了木頭一下，木頭擺開了，但是馬上又回到原來位置，輕輕地撞了熊一下；熊又比較用力地推了一下木頭，木頭回來的時候，敲到熊的身上也比較重；熊越來越狂怒地向外推開木頭——可是木頭回來的時候也敲得越來越重了。被這一場鬥爭弄得筋疲力盡的熊終於跌了下來，跌到樹底下的尖銳木橛上。

圖 76　熊在和懸垂的木頭較量

這個巧妙的機關不需要人去重新布置。它把第一隻熊打下來以後，可以馬上接著打第二隻、第三隻，一隻隻打下去不需要人的參與。那麼，把熊從樹上打下來的能，是從哪裡來的呢？

原來這裡所做的功，已經是由野獸本身的能來完成的了，是熊自己把自己從樹上打下來，自己把自己戳死在尖木橛上的。當牠推開懸垂的木頭時，牠把自己肌肉的能變成了舉起的木頭的位能，這個位能又變成落下的木頭的動能。同樣，熊在爬樹的時候，把自己的一部分肌肉能變成了升高了的身體的位能，這個位能後來就變成使牠的身體跌到尖木橛上的能。用一句話來說，熊是自己撞擊自己，自己把自己從樹上摔下來，自己把自己戳死在尖木橛上的；爬上樹的野獸越強壯兇猛，牠跟木頭打架所遭受到的傷害也就越嚴重。

♡ 8.12 自動機械

你見過一種名叫測步儀的小巧儀器嗎？它的大小、形狀和懷錶一樣，可以放在口袋裡面，用來自動計算步行的步數。圖 77 表示這種儀器的字盤和內部構造。這個機械的主要部分是重錘 B，它固定在槓桿 $\overline{AB}$ 的一端，這個槓桿可以繞軸 A 旋轉。平常重錘停留在圖上所示的位置上，一個軟彈簧使它停留在這個儀器的上半部。走路的時候，每走一步，人體會略略升起一下，然後馬上落下，測步儀也就跟著上下移動。但是重錘 B 在慣性的作用下，並不是馬上隨著測步儀升起的，它反抗了彈簧的彈性，留在儀表的下半部。測步儀往下落的時候，重錘 B 根據同樣原因又會向上移動。因此，每走一步，槓桿 $\overline{AB}$ 要擺動兩次，一次上一次下，槓桿的擺動可以透過小齒輪使字盤上的指針轉動，記錄步行的人走的步數。

圖 77　測步儀和它的構造

要是有人問你，使測步儀動作的能量是什麼，你當然會毫無錯誤地說出是人的肌肉所做的功。可是假如有人認爲測步儀不用步行的人多花一些能量，認爲步行的人「反正是在走著的」，並沒有多花什麼力量的話，那他就錯了。步行的人無疑要多花一些力量，用來克服重力和拉住重錘 B 的彈簧的彈力，把測步儀提升到一定的高度。

測步儀使人想到製造一種由人的日常動作帶動的錶。這種錶戴在手腕上，人手不停的動作會把發條上緊，不需要戴錶的人費心。這種錶只要戴在手腕上幾個小時，就能把它的發條上緊到足夠走一晝夜。這種錶很是方便——它總是上好了發條的，發條經常上到一定的鬆緊，保證它走得準確；這種錶的錶殼上沒有開孔，可以避免灰塵和水分侵入到內部機件上；而最主要的好處是，用不著定時地想著去上緊發條。這種錶看起來彷彿只有鉗工、裁縫、鋼琴家、特別是打字員才配用，對於腦力勞動者是不適用的。但是，假如這樣說的話，那我們就把這種裝配得極好的錶的一個性能忽略了，那就是：要使這種錶走動，只要有極微小的脈動就夠了。事實上，只要有兩三下動作，就可以使重錘輕輕帶動發條，使錶足夠走三四小時。

可不可以認爲這種錶不需要它的主人消耗一些能，就能一直走下去呢？答案是不可以，它需要主人提供的肌肉能量就和上緊普通錶的發條時一樣大。戴著這種手錶的手臂，在動作的時候要比戴普通手錶的手臂多花一些能量，因爲這和測步儀一樣，有一部分能量要用來克服彈簧的彈力。

據說美國一家商店的老闆「想出了」一個方法，利用店門的開關上緊一個彈簧，來替他做一些有益的家務工作。這位「發明家」認爲找到了免費能源了，因爲顧客「反正是要開門的」。實際上呢，顧客開門的時候，要多花一些力量來克服彈簧的彈力，所以可以這樣說，這位老闆是要他的每個顧客替他做一些家務工作。

嚴格地說，上面兩種情況都不能叫做自動機械，只能說是不需要人照料就可以由人的肌肉能量上緊彈簧的機械。

8.13 摩擦取火

照書本上說的，用摩擦的方法取火似乎是一件很容易的事。可是實際做起來就沒那麼簡單了。馬克·吐溫曾經講過一段故事，說到他自己想把書本上寫的摩擦取火方法應用到現實生活的經過：

我們每人各取了兩條木棒，開始互相摩擦。兩小時以後，我們人都凍僵了，木棒還是一樣凍得冷冰冰的（事情發生在冬天）。

另一位作家——傑克·倫敦也報導了同樣的事情（在《老練的水手》裡）：

我讀過許多遇難脫險的人事後寫的回憶，他們都嘗試過這個方法，但是全都失敗了。我想起那位在阿拉斯加和西伯利亞旅行的新聞記者，有一次我在朋友家裡看到他，他曾經提到怎樣想用木棒互相摩擦的方法來取火；他很風趣地講述了那次失敗的實驗。

儒勒·凡爾納在《神秘島》小說裡也談到完全一樣的看法。下面是老練的水手潘克洛夫跟青年赫伯特的談話：

「我們可以像原始人一樣，把一塊木塊放在另一塊上摩擦來取火呀。」

「好，孩子，你試試吧！這樣做除了兩手磨出血之外，瞧你還能做出什麼成績來。」

「可是，這個簡單的方法，在許多地方都用得很普遍的呀。」

「我不跟你爭論」水手回答說，「可是我認爲，那些人對這件事有他們特別的本事。我已經不止一次試過這種取火的方法，但是都失敗了。我肯定地認爲還是用火柴更好。」

儒勒・凡爾納繼續說下去道：

雖然這樣，潘克洛夫仍然去找了兩塊乾燥木塊，試著用摩擦的辦法取火。假如他和納布所付出的能量全部都變成熱量的話，這個熱量足夠把一艘橫渡大西洋輪船的鍋爐裡面的水燒到沸騰。但是結果卻很糟：兩塊木塊只熱了一點點——比試驗的人本身感覺到的熱還少。

一小時以後，潘克洛夫渾身大汗。他賭氣把木塊丟在地上。

「要我相信原始人可以用這個方法取火，我寧願相信冬天裡會出現大熱天」他說。「我看，搓兩隻手來點燃兩個手心，恐怕還要容易一些。」

失敗的原因在哪裡呢？就在於沒有按照應有的方法進行。大部分原始人並非用一塊木棒的簡單摩擦來取火的，而是使用削尖的木棒在木板上鑽孔的方法。

這兩種方法的不同，只要做進一步的研究，就可以明白。

設木棒 $\overline{CD}$（圖 78）沿著木棒 $\overline{AB}$ 來回移動，每秒鐘來回各一次，每次移動距離 25 公分。設人手壓向木棒的力是 2 公斤（這個數字是隨意取的，但是跟實際相近）。因為木頭和木頭之間的摩擦力大約是壓向互相摩擦的木棒的力的 40%，所以實際作用力是 $2\times0.4\times9.8\approx8$ 牛頓，在 50 公分的路程上所做的功是 $8\times0.5=4$ 焦耳。這個機械功若是全部都變成熱，這個熱量要傳到木頭多大的體積上去呢？

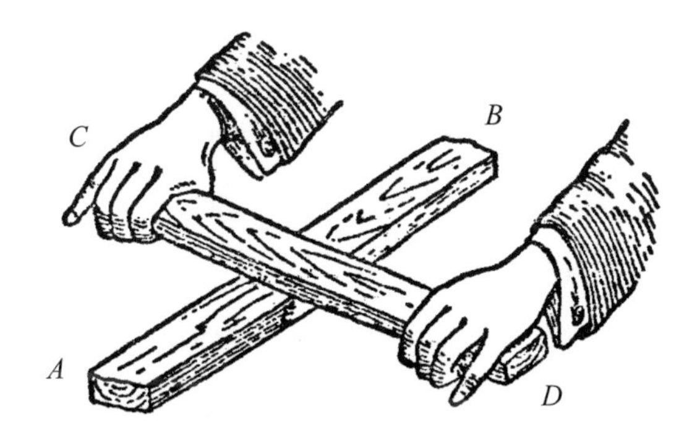

圖 78　書本裡介紹的摩擦取火的方法

木頭是不善於導熱的，因此，摩擦所生的熱，只會透到木頭裡很淺的一層。

假設木頭的受熱層只有 0.5 毫米厚[4]，木棒互相摩擦的面積是 50 公分和接觸面寬度的乘積，現在假設接觸面的寬度是 1 公分。

這樣，摩擦所生的熱量要使體積

$$50\times1\times0.05=2.5\text{立方公分}$$

4　讀者從下文可以看到，受熱層如果假設得更厚些，結果並不會出現很大變動。

的木頭生熱，這個體積的木頭大約重 1.25 克。木頭的比熱假設爲 2.4（焦耳／公克—℃），這些木頭應該會被加熱到

$$\frac{4}{1.25\times 2.4}\approx 1℃$$

這就是說，假如不是因爲冷卻造成熱量損失，那麼摩擦的木棒每秒鐘大約提高溫度 1℃。但是，由於整個木棒都受到空氣冷卻，冷卻的程度極大。因此，馬克・吐溫說的木棒在摩擦的時候不但沒有加熱，甚至凍得冷冰冰的，是完全近乎實情的。

如果我們改用鑽木取火的方法，那就是另外一回事了（圖 79）。設旋轉的那根木棒端的直徑是 1 公分，這個木棒端有 1 公分長鑽進木板裡。鑽弓長 25 公分，每秒來回拉動各一次，拉動鑽弓的力假定是 2 公斤。在這個情形下，每秒鐘所做的功仍然是 8×0.5=4 焦耳，產生的熱量也仍然是一樣，但是這裡木頭受熱的體積卻比剛才小得多，一共只有 3.14×0.05=0.15 立方公分，重量也只有 0.075 克。因此，棒端凹坑裡的溫度在理論上每秒鐘應該提高

$$\frac{4}{0.075\times 2.4}\approx 22℃$$

實際上，溫度這樣提高（或接近於這樣提高）的確可以達到，因爲鑽的時候，木頭的受熱部分很不容易散失熱量。木頭的燃點大約是 250℃，因此，要使木棒燃燒，只要用這個方法繼續鑽

$$250℃\div 22℃=11秒$$

就可以了。

圖 79　實際上是這樣摩擦取火的

據人類學家說，原始人之間有經驗的鑽火人只要幾秒鐘就可以取到火[5]，這證明我們的計算正確。其實大家都知道，大車的車軸如果潤滑不佳，時常就會被燒壞，原因和上面所說的完全相同。

5　除鑽火的方法外，原始人還有許多別的摩擦取火方法，例如用「火犁」、「火鋸」法等。在這兩種方法裡木頭受熱部分——木屑會受到冷卻。

⟡ 8.14 被溶解掉的彈簧的能

你把一片鋼板彈簧彎曲，你所付出的功就變成被彎曲彈簧的位能。如果你用這個彈簧去舉起什麼重物或者轉動車輪等，那麼你就可以重新得到所付出的能；這時候能量的一部分做了有益的工作，另一部分用來克服有害的阻力（摩擦）。1 個爾格都不會無影無蹤地損失掉。

可是，你現在拿彎曲了的彈簧做另外一個試驗：你把它放到硫酸裡去。於是，鋼片被溶解掉了，欠了我們能量債的債務人失蹤了，無處可以找回彎曲這個彈簧所付出的能量，能量守恆定律彷彿受到了破壞。

眞的是這樣嗎？其實爲什麼我們一定要認爲這個能量是無影無蹤地損失掉了呢？它可以在彈簧被硫酸蝕斷的時候彈開來，推動周圍的硫酸，以動能的形式出現；它還可以變成熱，使硫酸溫度增高，當然，不能期待這個溫度增加到多高。因爲，假設被彎曲的彈簧兩端比它伸直的時候縮近了 10 公分（0.1 公尺），又設這時候彈簧的應力是 2 公斤（這就是說，彎曲彈簧的力的平均值大約是 1 公斤）。所以，彈簧的位能等於 $1\times9.8\times0.01=1$ 焦耳。這樣少的熱量只能把全部溶液的溫度增加一點點，這個溫度實際上實在是很難看出。

然而，被彎曲的彈簧的能，也還可能變成電能或是化學能，變成化學能的話，會使彈簧的銷蝕加快（假如所產生的化學能促進鋼的溶解作用的話），或是使彈簧的銷蝕減慢（在相反情形下）。

至於實際上可能發生哪一種情況，那只有實驗才能告訴我們，而這種實驗已經有人做過了。

人們把一片鋼片彎曲以後夾在兩根玻璃棒中間，兩棒相隔半公分，放在一個玻璃缸的底上（圖 80 左）；在另一個實驗裡面，人們把彈簧直接夾在容器兩壁之間（圖 80 右）。容器裡面注入了硫酸。鋼片不久就崩斷了，兩個斷片一直在硫酸裡浸到完全溶解掉。把實驗所花的時間（從把彈簧放到硫酸裡開始，到一直溶解完畢爲止）仔細地記錄了下來。然後，在別的條件完全相同的情況下，把同樣的鋼片不加彎曲地又做了一次實驗。結果是沒有張力的鋼片溶解需要的時間比較短。

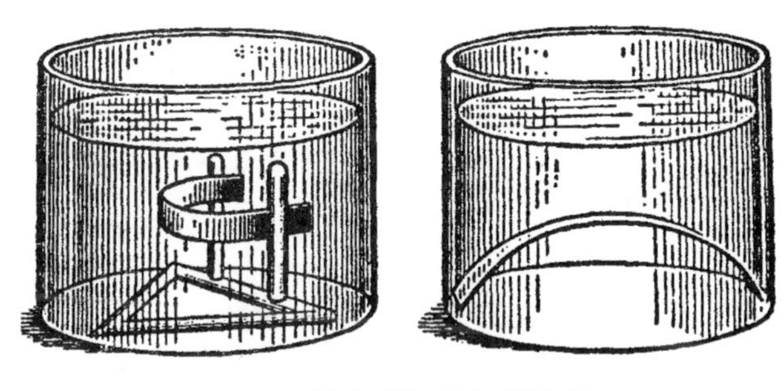

圖 80　彎曲彈簧的溶解實驗

這說明受到張力的彈簧要比沒有張力的彈簧更耐得住侵蝕。因此，無疑地，用來彎曲彈簧的能量，一部分變成了化學能，另一部分變成了彈簧彈開時候運動部分的機械能。這裡並沒有什麼能量無影無蹤地損失掉。

接著上面的題目，可以提出這樣一個問題：

一束木柴被送到四層樓上，因此它的位能也隨著增加了。那麼，木柴燃燒的時候，這部分多出來的位能跑到哪裡去了呢？

這個謎不難解答，只要你想一想，木柴燃燒以後，它的物質變成燃燒的產物，這些產物在地面上一定高度的地方形成時所具有的位能，要比在地面上產生的大。

第 9 章 摩擦和介質阻力

9.1 從雪山上滑下

【題】雪山的滑道，斜度是 30°，長 12 公尺。從這裡滑下一架雪橇，滑下以後沿水平面繼續前進。

問這架雪橇要在什麼地方停下來？

【解】假如這架雪橇在雪面上滑動是一點摩擦也沒有的話，那它就永遠不會停止。但其實雪橇的運動也是有摩擦的，雖說這個摩擦不大：雪橇底下的鐵條和雪的摩擦係數是 0.02。因此等到它從山上滑下來的時候所得到的動能全部消耗在克服摩擦的時候，它就會停止下來。

為了計算這個距離的長度，先來算一下雪橇從山上滑下來的時候所得到的動能。雪橇滑下的高度 $\overline{AC}$（圖 81），等於 $\overline{AB}$ 的一半（因為 30° 角的對邊長等於弦長的一半）。因此 $\overline{AC}$=6 公尺。假如雪橇重量是 P，那麼雪橇滑到山腳時候所取得的動能，在沒有摩擦的條件下，應該是 $6P$ 公斤重—公尺。現在把重量 P 分成兩個分力，跟 $\overline{AB}$ 垂直的分力 Q 和平行的分力 R。摩擦等於力 Q 的 0.02，而 Q 等於 $P\cos 30°$，就是 $0.87P$。因此，在克服摩擦上花了

$$0.02 \times 0.87P \times 12 = 0.21P \text{公斤重—公尺}$$

所以實際得到的動能是

$$6P - 0.21P = 5.79P \text{公斤重—公尺}$$

雪橇到了山腳以後，繼續沿水平道路前進，用 x 表示這段路的長，那麼摩擦的功是 $0.02Px$ 公斤重—公尺。從方程式

$$0.02Px=5.79P$$

得到 x=290 公尺，也就是雪橇從這座雪山上滑下以後，可以在水平道路上前進大約 300 公尺。

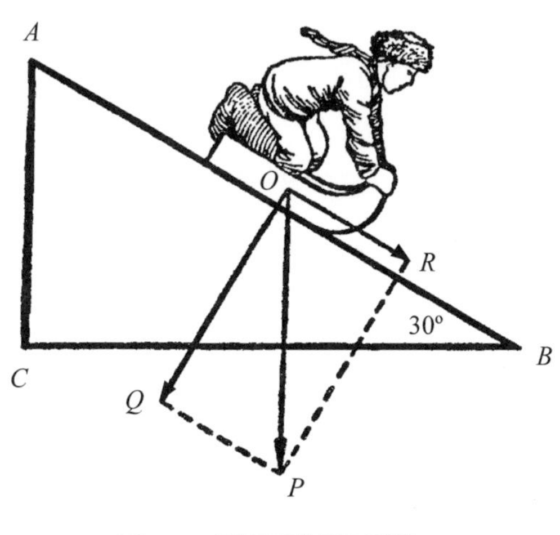

圖 81　雪橇可以滑多遠？

☙ 9.2　停下了引擎

【題】 汽車在水平公路上用 72 公里／小時的速度疾馳，這時候司機把引擎停了下來。假如運動的阻力是 2%，問汽車能繼續行駛多遠？

【解】 這個題目跟上面的那一題相似，但是汽車的動能要根據另外一些資料來計算。汽車的動能等於 $\frac{mv^2}{2}$，式子裡 m 是汽車的質量，v 是汽車的速度。這個能量消耗在一段路程

x 上，而汽車在路程 x 上運動的時候受到的阻力等於汽車重量 P 的 2%。因此得到方程式：

$$\frac{mv^2}{2}=0.02Px$$

因爲汽車的重量 $P=mg$，這裡 g 是重力加速度，因此上面這個方程式可以改寫成

$$\frac{mv^2}{2}=0.02mgx$$

從而所求的距離

$$x=\frac{25v^2}{g}$$

在最後的結果裡面，並不包含汽車的質量在內；因此，汽車在停下引擎以後所駛出的距離，跟汽車的質量沒有關係。用 $v=20$ 公尺 / 秒，$g=9.8$ 公尺 / 秒^2 代入上式，可以算出所求的距離大約等於 1000 公尺，也就是汽車在平坦道路上可以駛出整整 1000 公尺。我們之所以可以得到這麼大的數目，是因爲計算的時候沒有把空氣的阻力計算在內，而空氣的阻力是隨著速度的增加快速增加的。

9.3 馬車的輪子

許多馬車的前輪一般都比後輪小些，即使前輪不擔任轉向作用，不放在車體底下的時候也是這樣，這是什麼緣故呢？

要想找出正確的答案，應當改變問題的問法。不要問爲什麼前輪比較小，而要問爲什

麼後輪比較大。因爲前輪比較小的好處是很明顯的：前輪比較小，它的軸線就比較低，可以使車轅和挽索比較傾斜，這就可以使馬容易把車子從道路的坑窪裡拖出來。圖 82 左說明車轅 $\overline{AO}$ 傾斜的時候，馬的拉力 $\overline{OP}$ 分解成了 $\overline{OQ}$ 和 $\overline{OR}$ 兩個分力，就有一個向上作用的力（$\overline{OR}$）幫忙把車子從坑窪裡拖出來。如果車轅是水平的（圖 82 右），就不會產生向上作用的力；這時候要把車子從坑窪裡拖出來就困難一些了。在保養良好的道路上，如果沒有這種不平的路面，前輪軸就沒有必要故意放低，像是汽車和自行車的前後輪就是一樣大小的。

圖 82　為什麼前輪要做得比較小？

現在來談正題：爲什麼後輪不做得跟前輪一樣大？原因在於大輪子比小輪子好，因爲受到的摩擦比較小。滾動體的摩擦力跟半徑成反比，這樣後輪做得比較大的好處就很清楚了。

9.4　火車和輪船的能量用在什麼地方？

根據「一般常識」的看法，火車和輪船似乎是把自己的能量全用到本身的運動上去了。而事實上，火車的能量只在最初的 $\frac{1}{4}$ 分鐘裡用來使它本身和整列列車運動，其餘的時間裡

（在平路上前進的時候）這個能量只是用來克服摩擦和空氣阻力。我們可以說給電車供電的發電廠所發出的電能幾乎全部用在加熱城市的空氣上面——摩擦的功變成了熱能。如果沒有有害的阻力，火車在最初 10 ～ 20 秒鐘跑起來後，在慣性的作用下就會一直在平路跑下去，不需要消耗能量。

我們前面已經說過，完成等速運動是沒有力參加的，因此也就不消耗能量。假如在等速運動當中需要消耗能量，這個能量就只是用來克服對於等速運動的一切障礙。輪船上的強大機器也同樣只爲了用來克服水的阻力。水的阻力比陸上運輸的阻力要大得多，此外，這個阻力會隨著速度的增加而快速地加大（跟速度的 2 次方成正比）。這裡順便說一下，水上運輸之所以不能達到陸地上那麼快的速度[1]，原因就在這裡。一個划手可以輕易地使他的小艇用 6 公里／小時的速度行進；但是如果想增加 1 公里／小時的速度，那就要使出全力才能做到。至於要想使一艘輕便的競賽艇用 20 公里／小時的速度行進，就得有八個相當熟練的船員全力划槳才行。

假如說水對於運動的阻力會隨著速度的增加而快速加大的話，那麼，水的攜帶力也同樣是隨著速度的增加而快速加大。下面就來比較詳細地談談這個問題。

9.5 被水沖走的石塊

河水沖刷著河岸，同時把沖下的碎塊帶到河床的別處去。水把石塊順著河底翻滾著，

1 以上說的不包括一種名叫水翼艇的船隻，這種船隻在水面上滑行，幾乎不浸在水裡，因此受到的水的阻力很小，能夠有比較大的速度。

這種石塊常常相當大——這個能力會使許多人感到驚奇，驚奇的是，水怎麼能夠把石塊帶走。當然，並不是所有的河流都能夠做到這樣，平原上流得很慢的河流就只能帶走一些細小的沙粒。可是，只要水流的速度稍微增加，就可以大大提高水流帶走石塊的能力。如果河水的速度增加一倍，它不但能夠帶走沙粒，還能夠帶走巨大的卵石。而山澗急流的速度又大了一倍，能把一公斤以上或更重的圓石帶走（圖 83）。這個現象如何解釋呢？

圖 83　山澗急流在滾動石塊

我們這裡遇到的是有關一個力學定律的有趣現象，這個定律在流體力學裡名叫「艾里定律」。它證明，水流速度增加到 n 倍，水流能夠帶走的物體的重量可以增加到 n^6 倍。

讓我們來說明，爲什麼會有自然界裡少見的這種6次方的比例。

爲了說明方便，假設河底有一塊邊長是a的立方體石塊（圖84）。石塊的側面S上受到力F（水流作用力）的作用。這個力要把石塊依$\overline{AB}$做軸翻轉過去。它同時受到力W（石塊在水裡的重量）的相反作用，這個力阻礙石塊繞$\overline{AB}$軸翻轉。根據力學定律，要使石塊保持平衡，兩個力F和W對$\overline{AB}$軸的「力矩」應該相等。所謂力對軸的力矩，是指這個力跟這個力和軸的距離的乘積。對力F來說，它的力矩是Fb，對力W來說，它的力矩是Wc（圖84）。但是$b=c=\frac{a}{2}$。因此，石塊只能在

$$F\times\frac{a}{2}\leq W\times\frac{a}{2}$$

也就是

$$F\leq W$$

的時候才能保持靜止不動。接下來我們應用公式$Ft=mv$，式子裡t表示力的作用時間，m表示在t秒鐘裡對石塊作用的水的質量，v表示水流的速度。

流體動力學證明，水流施於與其流動方向垂直的平板上之總作用力，跟平板面積成正比，跟水流速度的平方成正比。因此，

$$F=ka^2v^2$$

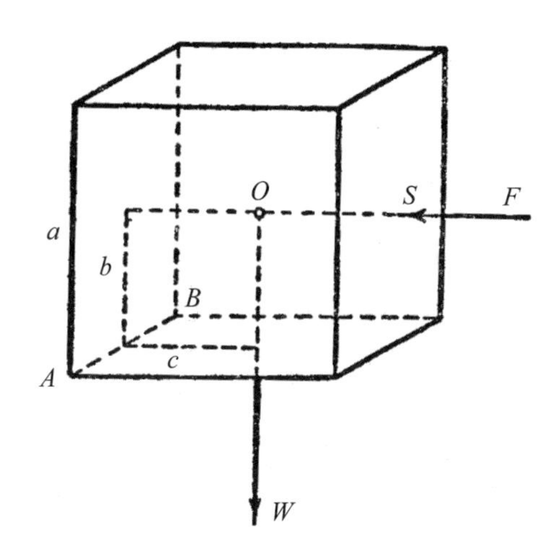

圖 84　石塊在水流裡受到的作用力

石塊在水裡的重量 W 等於體積 a^3 和石塊比重 d 的乘積，減去同體積水的重量（阿基米德原理）：

$$P=a^3d-a^3=a^3(d-1)$$

於是，$F\leq W$ 的這個平衡條件將可以改寫成下式：

$$ka^2v^2\leq a^3(d-1)$$

從而

$$a\leq\frac{kv^2}{(d-1)}$$

能夠抵抗速度是 v 的水流立方體石塊，它的邊長 a 跟速度的 2 次方成比例。至於立方體石塊的重量，我們知道，跟它的邊長 a 的 3 次方 a^3 成比例。因此，水能帶走的立方體石塊的重量，就會跟水流速度的 6 次方成比例，因爲$(v^2)^3=v^6$。

「艾里定律」就是如此的。我們把這個定律用立方體石塊爲例證明出來了，但是也不難證明對於任何形狀的物體都是適用的。我們的證明是近似的，目的只是用來說明問題，現代的流體動力學能夠做出更爲精確的論證。

爲了更好地說明這個定律，我們假設有三條河，第二條河的水流速度是第一條的兩倍，第三條又是第二條的兩倍。換句話說，三條河的水流速度成 1：2：4 的比。根據艾里定律，這三條河水能夠帶走的石塊，重量的比應該是 $1:2^6:4^6=1:64:4096$。因此，假如平靜的河流只能夠帶走 $\frac{1}{4}$ 克重的沙粒，那麼水流速度兩倍的河流就能夠沖走 16 克重的小石子，而水流速度再增加兩倍的山澗就已經能夠翻動上公斤重的大石塊了。

9.6 雨滴的速度

雨水淋在行進中的火車玻璃窗上形成的斜線，說明了一個有趣的現象。這裡發生的是兩個運動按照平行四邊形規則的加合，因爲雨滴在落下的同時，還參與到火車的運動裡去。請注意這個合成的運動是直線運動（圖 85）。但是合成這個運動的其中一個運動（火車的運動）是等速運動。力學告訴我們，在這種情況下，另一個運動（雨滴的落下）也應該是等速運動。這個結論眞是太出人意料了！落下的物體，竟然是等速運動著！這簡直是荒謬極了。但是，車窗玻璃上的斜線既然是直線，那就必然會得出這樣的結論：假如雨滴是加速度地落下來的，玻璃上的雨水應該形成曲線（如果是等加速地落下，應該形成拋物線）。

圖 85　車窗上的雨水斜線

因此，雨滴並不是像落下的石塊那樣加速度地落下，而是等速落下的。原因是空氣阻力完全平衡了產生加速度的雨滴重量。要不是這樣的話，假如不是空氣阻止著雨滴的落下，那所產生的後果對於我們會是非常可怕的：雨雲時常聚集在 1000 ～ 2000 公尺高的地方；如果在毫無阻力的介質裡面從 2000 公尺高度落下來，雨滴落到地面上的速度應該是

$$v=\sqrt{2gh}=\sqrt{2\times 9.8\times 2000}\approx 200\text{公尺／秒}$$

這是手槍子彈的速度。雨滴雖然不是鉛彈而是水，它的動能只有鉛彈的 $\frac{1}{10}$ ，但是我想這種掃射總不會讓人感到多舒適。

雨滴實際上是用什麼速度落到地面上的呢？我們現在就來研究這個問題，但首先我們先說明一下，雨滴爲什麼是等速運動的。

物體落下的時候受到的空氣阻力，在整個落下過程當中並不相等。它隨著落下速度的增加而增加。在最初的一瞬間，當落下的速度微不足道的時候[2]，空氣阻力可以完全不考慮。接著，落下的速度增加了，阻礙這個速度增加的阻力也隨著增加了[3]。這時候物體仍是加速度地落下的，但是加速度比自由落下的小。隨後，加速度繼續減小，直到實際上變成零；從這一刻起，物體運動就沒有加速度，變成等速運動了。又因爲速度已經不再增加，阻力也就不再增加，等速運動就不會受到破壞——既不會變成加速運動，也不會變成減速運動。

所以，在空氣裡落下的物體，應該從一定的時刻起進行等速運動。對於一滴水滴來說，這個時刻到得很早。測量雨滴落下的最終速度的結果告訴我們，這個速度極小，特別是細小的雨滴。0.03 毫克的雨滴的最終速度是 1.7 公尺／秒，20 毫克的雨滴是 7 公尺／秒，最大的 200 毫克重的雨滴也不過達到 8 公尺／秒，還沒有發現過比這更大的速度。

測量雨滴速度的方法非常巧妙。測量用的儀器（圖 86）有兩個圓盤，緊緊地裝在一根共同的鉛直軸上。上面一個圓盤上開了一道狹窄的扇形縫。把儀器用雨傘遮著送到雨裡，讓它很快地轉起來，然後把傘拿開。於是，通過上面圓盤狹縫的雨滴，就落到下面鋪著吸墨紙的下面圓盤上。當雨滴在兩個圓盤之間落下的時候，兩個圓盤轉出了一個角度，因此雨滴落到圓盤的地點已經不是在上面圓盤狹縫的正下方，而是稍稍落後一些。比方說雨滴落在下面圓盤上的位置落後了整個圓周長的 $\frac{1}{20}$ ，又設圓盤每分鐘轉 20 轉，兩個圓盤之間的距離是 40公分。根據這些數字，不難求出雨滴的落下速度：雨滴走過兩個圓盤之間的距

2　例如，在最初的 $\frac{1}{10}$ 秒裡，自由落下的物體只落下 5 公分。

3　當速度是每秒幾公尺到 200 公尺左右的時候，空氣阻力的增長跟速度的平方成正比。

離（0.4公尺）所花的時間，恰是每分鐘轉20轉的圓盤轉出一周的 $\frac{1}{20}$ 的時間，這段時間等於：

$$\frac{1}{20} \div \frac{20}{60} = 0.15\text{秒}$$

雨滴在 0.15 秒鐘裡落下了 0.4 公尺；因此它落下的速度等於：

$$0.4 \div 0.15 = 2.6\text{公尺／秒}$$

（槍彈射出的速度也可以用完全相類似的方法求出）。

至於雨滴的重量，可以根據雨滴落在吸墨紙上的濕跡大小算出來。每 1 平方公分吸墨紙能夠吸收多少毫克的水，要事先測定。

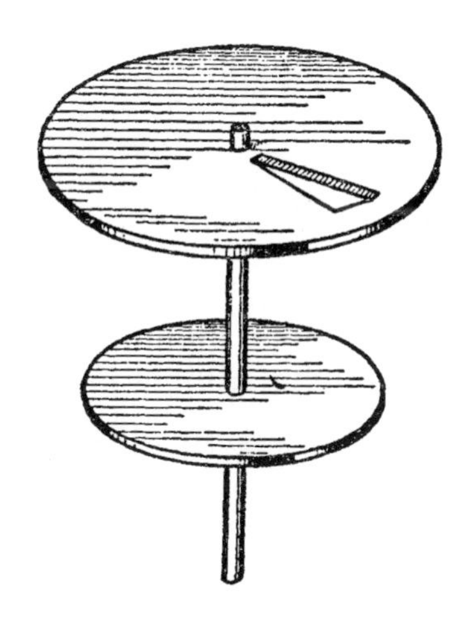

圖 86　測量雨滴速度的儀器

現在讓我們看一看雨滴落下的速度跟重量的關係：

雨滴重量	毫克	0.03	0.05	0.07	0.1	0.25	3	12.4	20
半徑	毫米	0.2	0.23	0.26	0.29	0.39	0.9	1.4	1.7
落下速度	公尺／秒	1.7	2	2.3	2.6	3.3	5.6	6.9	7.1

冰雹落下的速度比雨滴大。這當然並不是因為冰雹比水滴的密度大（相反，水的密度較大些），而是因為冰雹顆粒比較大。可是，就連冰雹在接近地面的時候也是用不變的速度落下的。甚至從飛機上投下的榴霰彈（小鉛球，直徑大約 1.5 公分）在到達地面的時候也是等速的，而且速度相當緩慢，因此它們幾乎是無害的，甚至不能夠擊穿軟氈帽。可是從同樣高度投下的鐵「箭」卻是一件可怕的武器，它能貫穿人的身體。原因是在鐵箭的每 1 平方公分截面積上所平均分配到的質量，要比在圓鉛彈上的大得多；正像射手們說的，箭的「截面負載」比子彈大，因此箭比較容易克服空氣的阻力。

9.7 物體落下之謎

像物體落下這麼常見的現象，也會是一個很好的例子，來說明日常看法跟科學看法上的巨大分歧。不懂力學的人肯定地認為重的物體要比輕的物體落下得快些，這個從亞里斯多德起源的看法，在很多世紀裡曾經有過分歧的意見，一直到 17 世紀才被現代物理學的奠基人伽利略所駁斥。這位也曾經做過科學普及工作的偉大自然科學家，他的思想方法的確是精明極了：

我們用不著做實驗，只要用簡單而叫人信服的推論，就可以明確指出，那種認為比較重的物體比用同一種物質構成的較輕物體落下得快些的說法是錯誤的……假設我們有兩個落下的物體，它們的自然速度不同，我們把運動得快的跟運動得慢的連結起來，那麼顯而易見，落下得快些的物體的運動一定會被阻滯，而另一個物體的運動卻會略略加快。但是假如是這樣的話，並且，大石頭的運動速度比方說是8「度」（假設的單位），而小石頭是4「度」，假如這也是正確的話，那麼把兩塊石頭連結到一起，應該得到比8「度」小的速度；可是，兩塊石頭連結在一起，合成的物體竟比原來有8「度」速度的石頭還大；相當於說比較重的物體的運動速度比那比較輕的物體小，而這恰好跟上面的假設相矛盾。你看，從比較重的物體運動得比那比較輕的物體快些這個說法，我可以得出一個結論，就是比較重的物體運動得慢些。

我們現在都已經清楚地知道，一切物體在眞空裡落下的速度都是相同的，物體在空氣裡落下的時候速度之所以不同，是因爲有空氣的阻力。可是，這裡也產生了這樣的疑問：空氣對運動所起的阻力，只跟物體的尺寸和形狀有關；因此，兩個大小和形狀相同的物體，如果只有重量不同，就應該用相同的速度落下：它們在眞空裡的速度相等，在空氣阻力作用下減低的速度也應該相等。這就是說，同樣直徑的鐵球和木球應該落下得一樣快——但是這個推論顯然是跟實際情況不符的。

怎樣解決這個理論跟實踐的衝突呢？

讓我們想像一下請「風洞」（見第一章 1.5 節）來幫我們忙，把它豎立起來，用同樣尺寸的木球和鐵球掛在風洞裡，讓它們受到從風洞下端來的空氣流的作用。換句話說，我們把物體在空氣裡的落下「顚倒」了一下。哪一個球更快被空氣流吹走呢？顯然，雖然作用在兩個球上的力量相等，兩個球得到的加速度卻並不一樣：輕球得到的加速度比較大（根據公式 $F=ma$）。把這應用到沒有「顚倒」過的原本現象，可以看到輕球在落下的時候應該落在重球後面，換句話說，鐵球在空氣裡要比跟它同體積的木球落得快些。順便提一下，上面所述也說明了爲什麼炮手這樣重視炮彈的「截面負載」，也就是炮彈受到空氣阻力的每 1 平方公分面積上分配到的那一部分質量（見前一節）。

再舉一個例。你可曾玩過從山頂上向下面投擲石塊的遊戲？這時候你不會不注意到，大石塊一般都飛出得比小石塊遠些。這個解釋很簡單：大小石塊在飛行的路上碰到差不多一樣的阻礙，但是大石塊因爲有比較大的動能，比較容易克服那足夠阻礙小石塊的阻力。

截面負載的大小，在計算人造地球衛星的壽命長短的時候，是很值得注意的。人造衛星橫截面每 1 平方公分上平均到的質量越大，衛星在環繞地球飛行的軌道上就能維持得越久——如果其他條件相同的話，因爲空氣阻力對它的運動所起的作用比較小。

人造地球衛星進入軌道以後，如果跟運載火箭最後一級分離，那麼大家知道，最後一級就將作爲獨立的人造衛星繞地球運行。値得注意的是，裝有各種儀器的人造衛星離開運載火箭以後圍繞地球轉的時間比運載火箭最後一級更久，儘管它們最初的軌道幾乎完全相同。這是因爲空的一級火箭（它的燃料在把衛星送入軌道上的時候已經用完）的截面負載總會比裝滿各種科學儀器的人造衛星小。

人造衛星飛行的時候，它的截面負載不是固定不變的，這是由於人造衛星毫無規則地亂翻「筋斗」，它跟運動方向垂直的橫截面面積不斷地在變動。只有球形的衛星，截面負載才會一直不變。因此，觀測這種衛星的運動，對於研究高空的大氣密度特別有利。

☙ 9.8 順流而下

物體在河面上順流而下的情形，和物體在空氣裡落下的情形很相近，我相信，這對許多人來說會是很新奇而且出乎意料之外的事情。一般都以爲，沒有帆也沒有人划槳的小艇，會用水流的速度跟著水淌下去。但是這種想法錯了：小艇運動得比水流快，而且小艇越重，運動得就越快。對於這個事實，有經驗的木筏工人都很熟悉，但是許多學物理的人卻還一點都不清楚。應當承認，就連我自己也是不久以前才知道了這一點。

讓我們比較詳細地研究一下這個奇怪的現象。初看可能沒辦法理解，順流而下的小艇怎麼會超過浮載它的水的速度，但是應該注意，河水載運小艇的情況跟運輸帶載運機器零件的情況並不一樣。河水本身的面是傾斜的，物體在這個傾斜面上可以自動地加速向下滑去；水呢，由於跟河床的摩擦卻是做著一定的等速運動。很顯然，這就不可避免地會到達這樣一個瞬間——用加速度向下漂流的小艇超過了水流的速度，這之後，河水對小艇的運動反而產生制動作用，像空氣阻滯了在它裡面落下的物體一樣。結果是，和在空氣裡的原因一樣，運動的物體會取得一個最終速度，之後速度再也不會增加了。水裡漂流的物體越輕，這個最大的、不變的速度就到來得越早，這個速度的值也就越小；反過來，沉重的物體放到水流裡，得到的最終速度就比較大。

所以比方說，從小艇上落下來的槳，一定會落在小艇的後面，因爲槳比小艇輕得多。小艇和槳的運動都應該比水流快，而沉重的小艇應該更比槳快。事實上也的確如此，這情況在急流裡更加顯著。

爲了更清楚地說明上面說的各點，讓我們引述一位旅行家的有趣的一段話：

我參加了阿爾泰山區的旅行，有一次要乘木筏沿比雅河順流而下——從河的發源地捷列茨科耶湖到比斯克城，一共花了五天功夫。出發以前有人向木筏工人提出意見，認爲木筏載的人數太多。

「不礙事」工人說，「這樣更好，跑得快些。」

「什麼？難道說我們不是跟水流速度一樣快慢嗎？」我們感到奇怪了。

「不，咱們跑得比水流快！木筏越重，它跑得就越快。」

我們都不相信。工人叫我們等木筏開行以後把一些木片丟到河裡去。我們做了這個實驗——果然，木片很快就落到我們後面去了。

工人的眞理在坐木筏旅行的這一段時間裡得到了證明，而且是很有效的證明。

在一個地方我們陷入漩渦裡了，我們打了許多轉才從漩渦裡脫身。在剛開始打轉的時候，木筏上的一柄木槌掉到水裡，很快就漂了開去（漂到漩渦以外的河面上——作者注）。

「不要緊」工人說，「咱們能追上它，咱們比它重呀。」

我們雖然在漩渦裡糾纏了很久，工人的這個預言卻果然實現了。

在另一個地方我們發現前面有一排木筏，比我們的輕（上面沒有乘客），我們很快就追上並且追過了它。

9.9 舵怎樣操縱船隻？

大家都知道，一具小小的舵，竟能操縱巨大船隻的運動。這是怎麼一回事呢？

設有一艘船（圖 87）在引擎的作用之下，正沿箭頭所示的方向運動。在研究船體跟水的相對運動的時候，可以把船看成固定不動的，水卻向船隻行進的相反方向流動。水用力 P 壓向舵 A 上，這個力使船繞它的重心 C 轉動。船跟水的相對速度越大，舵的作用就越靈敏。假如船跟水相對地說是靜止不動的，那麼舵就不可能使船轉動。

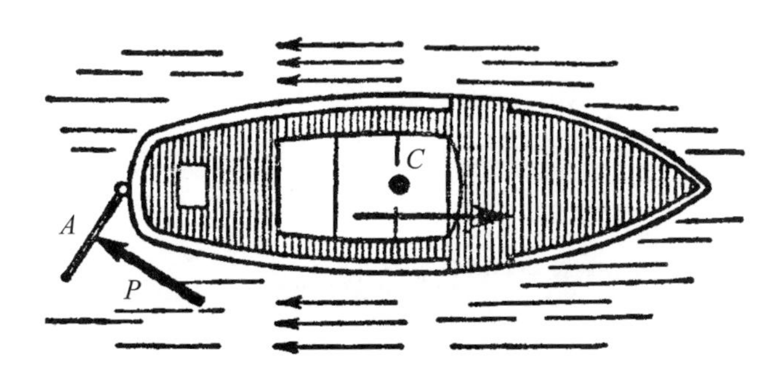

圖 87　用引擎開動的船，舵裝在船尾

下面談談伏爾加河上曾經用來操縱大平底船的巧妙方法，這種船沒有動力帶動，是自己順流漂下的。這種船的舵裝在船頭上（圖 88），當要船轉彎的時候，在船尾用一條長索繫著重物丟到河底去，讓它拖在船後面。有了這個重物，大船就可以操縱了。爲什麼呢？因爲裝著木材的平底船運動得比水慢，水跟船的相對運動方向和船的運動方向相同，因此水對舵作用的壓力，跟船上裝有引擎、船運動得比水快的情形相反，所以舵只能裝在船頭，不能裝在船尾。這個聰明的設計是工人所想出來的。

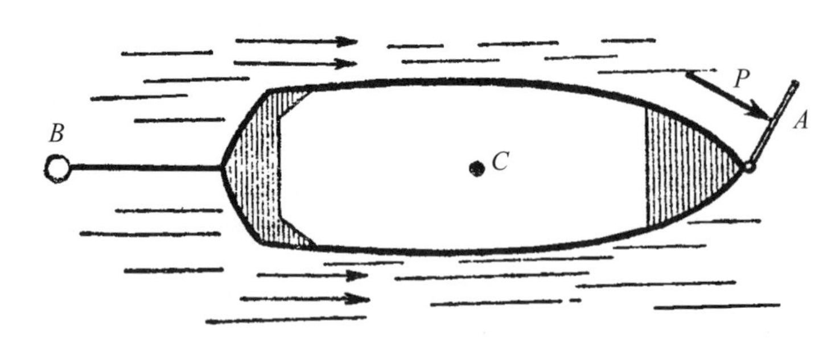

圖 88　船的速度比水流速度小的情形，舵要裝在船頭上

☞ 9.10　什麼時候會被雨水淋得更濕一些？

【題】在這一章裡，我們談了許多關於雨滴落下的問題。因此讓我在結束這一章的時候，向讀者提出一個題目，這個題目雖然不是跟本章的主題直接相關，但是跟雨滴落下的力學卻有密切的關係。

我們就用這個看來非常簡單，但是相當有教育意義的實際題目來結束這一章。

當雨鉛直落下來的時候，你的帽子在什麼情況下會濕得更厲害：是你站著不動的情況下呢？還是在雨裡走同樣時間的情況下？

這個題目如果換一個形式，就容易解答了：

雨鉛直落下來。在什麼情況下每秒鐘裡落到車頂上的雨水多：是在車停著的時候呢？還是在它行駛的時候？

我把這個題目（用第一種或者第二種形式）提給了許多研究力學的人，結果得到各種不同的答案。爲了愛惜帽子，有些人建議最好在雨裡安靜地站著，另外一些人卻相反，建議要盡快地奔跑。

究竟哪一個答案對呢？

【解】我們研究問題的第二種提法——雨水淋在車頂上的情形。

車輛固定不動的時候，每秒鐘裡用雨滴形式落到車頂上的雨水，形狀像一個直稜柱形，稜柱的底是車頂，稜柱的高是雨滴鉛直落下的速度 V（圖 89）。

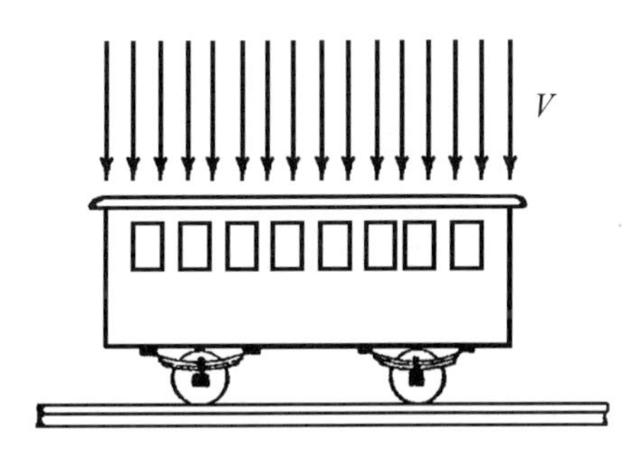

圖 89　雨鉛直落在車輛上

比較難計算的是落在運動著的車輛車頂上的雨水量。讓我們這樣來想：車輛用速度 C 在地面上運動，我們也可以把車輛看成固定不動，而地面在用速度 C 向相反的方向運動。這時候跟地面相對來說是鉛直落下的雨滴，相對於固定不動的車輛卻是在進行兩種運動：用速度 V 鉛直落下和用速度 C 水平移動。這兩種運動的合成速度 V_1 應該跟車頂呈一個傾斜角；換句話說，車輛就彷彿在傾斜落下的雨裡一樣（圖 90）。

現在已經很明顯，就是每秒鐘裡落在運動著的車頂上的全部雨滴，完全包括在一個傾斜的稜柱體裡，這個稜柱體的底仍然是車頂（圖 91），各個側稜卻跟鉛直線呈 α 角，側稜長是 V_1。這個稜柱體的高等於：

$$V_1 \cos \alpha = V$$

這樣，剛才談的兩個稜柱體，一個直稜柱體（雨滴鉛直落下的情形）和一個斜稜柱體（雨滴傾斜落下的情形），有共同的底（車頂）和相等的高，因此也就是同樣大小。在兩種情況下，落下的雨水量竟是完全相等的！因此，不論你是在雨裡筆直站上半小時，或是在雨裡奔跑半小時，你的帽子被打濕的程度應該是完全一樣的。

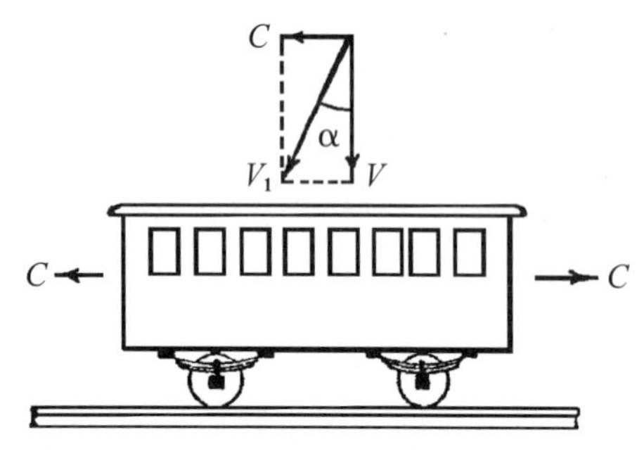

圖 90　運動著的車輛的情形就跟這個一樣

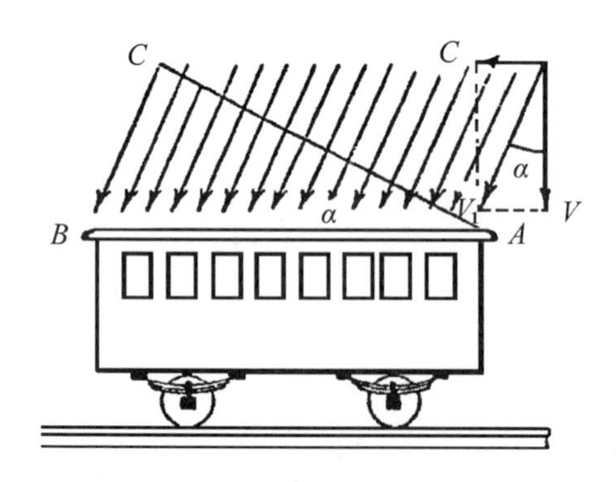

圖 91　落在運動著的車頂上的雨

第10章

生命環境中的力學

Mechanics

10.1 格列佛和大人國

《格列佛遊記》裡面寫的大人國，巨人的身長足有正常人的 12 倍，當你讀到這裡的時候，你一定會以爲他們的力量至少也是常人的 12 倍。就像這部《遊記》的作者斯威夫特本人，也把他的「巨人」寫成十分強壯有力。但是，這樣的看法是錯誤的，它和力學的原理相衝突。下面不難證明這些巨人的體力不但不比常人強大 12 倍，而且相反，應該比常人相對地弱數倍。

設格列佛和巨人站在一起。兩個人同時舉右手向上。設格列佛的臂重是 p，巨人的臂重是 P；又設格列佛把手臂的重心舉到高度 h，巨人舉到高度 H；這就是說，格列佛做了 ph 的功，巨人做了 PH 的功。現在試求這兩個值之間的關係。巨人手臂的重量跟格列佛手臂的重量的比，應該等於它們體積的比，比值就是 12^3。又 H 是 h 的 12 倍，所以，

$$P=12^3 \times p$$

$$H=12 \times h$$

從而

$$PH=12^4 \times ph$$

這就是說，要把手臂向上舉起，巨人要做的功等於常人的 12^4 倍。我們的巨人是不是有這樣大的運動能力呢？讓我們來比一下兩個人的肌肉力量，而首先，先來讀一下生理學課程裡相關的文字：

在平行纖維的肌肉裡，舉重所達到的高度跟纖維的長度有關，所舉重量卻跟纖維的數目有關，因爲重量是分布在各條纖維上的。因此，兩條同樣質地同樣長度的肌肉，截面積比較大的就能做出比較大的功；而兩條截面積相等的肌肉，能做出比較大的功的是比較長的一條。假如比較的是兩條不同長度和不同截面積的肌肉，那麼它們當中體積比較大的那條，就是有比較多的立方單位的那條，會做出比較大的功。

把這段話應用到上面說的情況，可以得出結論，巨人做功的能力應該等於格列佛的 12^3 倍（兩個人肌肉的體積的比）。

如果用 w 表示格列佛的運動能力，用 W 表示巨人的運動能力，可以得到：

$$W=12^3w$$

這就是說，巨人在舉手的時候要做的功，應該是格列佛的 12^4 倍，但他的做功能力只有格列佛的 12^3 倍，顯然，巨人做舉手動作要比格列佛困難到 12 倍。換句話說，巨人要比格列佛相對地弱 12 倍，因此，要戰勝一個巨人所需要的軍隊就不是 1728（就是 12^3）個常人，而只要 144 人了。

假如斯威夫特想使他的巨人能和常人同樣自由地運動，他就得讓他的巨人的肌肉體積等於按比例算出來的 12 倍，這樣的話，巨人的肌肉應該是按比例算出來的粗細的 $\sqrt{12}$ 倍，就是大約 $3\frac{1}{2}$ 倍，因此支撐加粗了的肌肉的骨骼也應該相應地加強。斯威夫特不知可曾想到，他想像當中創造出的巨人，在重量和笨重上應該已經和河馬接近了？

10.2 河馬為什麼笨重不靈活？

我想起河馬來並不是偶然的。牠沉重龐大的身材不難從上節所說的得到解釋。大自然裡不可能有身材龐大而矯健的生物。試取河馬（身長 4 公尺）和很小的旅鼠（身長 15 公分）做一個比較。牠們身體的外形大致相似，但是我們已經知道，幾何形狀相似而尺寸不同的動物，不會有同樣靈活的行動。

假如河馬的肌肉跟旅鼠的幾何形狀相似，河馬就會相對地比旅鼠弱，大約相當於旅鼠的

$$\frac{15}{400} \approx \frac{1}{27}$$

要想使河馬能夠有旅鼠那樣的靈活性，牠的肌肉的體積就應該等於按比例算出來的 27 倍，也就是說，牠的肌肉的粗細應該加大到 5 倍多一點。而支撐這些肌肉的骨頭，也就應該相應地加粗。現在可以知道，河馬爲什麼這麼笨重臃腫而且有這麼粗大的骨骼。圖 92 用相同的尺寸畫出了這兩種動物的骨骼和外形，生動地解釋了我們上面所說的。下表證明在動物世界裡有一個共同的定律，動物身材越是龐大，牠的骨骼所占的重量百分比也越大。

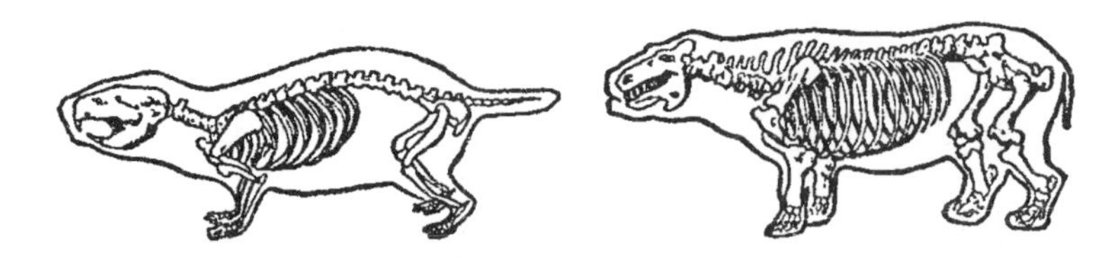

圖 92　河馬的骨骼（右）和旅鼠的骨骼（左）的比較，圖上河馬的骨頭長度縮小到旅鼠的尺寸。一眼就看得出河馬骨頭不成比例的粗大

哺乳類	骨骼重%	鳥類	骨骼重%
地鼠	8	戴菊鳥	7
家鼠	8.5	家雞	12
家兔	9	鵝	13.5
貓	11.5		
狗（中等大小的）	14		
人	18		

10.3 陸生動物的構造

陸生動物構造上的許多特點，可以在一個簡單的力學定律裡找到它的自然解釋，這個定律就是：動物四肢的工作能力跟它們長度的 3 次方成比例，而動物所需用要來控制四肢的功，卻跟它們的 4 次方成比例。因此，動物身材越大，牠的四肢——腳、翼、觸角就越短。在陸生動物裡面，只有極小的動物才有長長的四肢。大家都熟悉的盲蜘蛛就是這種長腳生物的一個例子，力學定律並不妨礙動物有跟這種盲蜘蛛相似的形狀，只要牠們的尺寸非常小。但是，到了一定的尺寸，例如狐狸這樣的大小，就不可能再有相似的形狀，因為腳會支撐不住身體的重量，並且會失去行動的性能。只有在海洋裡，在動物的體重被水的排斥作用所平衡的情況下，才可能有這種形狀的動物，例如，深水螃蟹就有半公尺大小的身體和 3 公尺長的腳。

這個定律的作用也體現在各種動物的發育過程當中。長成了的動物個體的四肢，比例上總比初生時期短；身體的發育超過四肢的發育，這樣就建立了肌肉跟運動所需要的功之間應該有的關係。

這些有趣的問題，是伽利略最先研究的。他寫的《論兩種新科學及其數學演化》一書替力學奠定了基礎，他在這部書裡就談到像極大尺寸的動物和植物、巨人和海生動物的骨骼、水生動物可能的大小等題目。關於這些，我們在這一章最後還會回過頭來談。

10.4 滅絕巨獸的命運

就是這樣，力學定律替動物的尺寸規定了一定的極限。如果要增加動物的絕對力量，讓牠的身軀長得很大，那就會減低牠的活動性，或者會造成牠肌肉和骨骼不相稱的巨大。這兩種情況都使動物在找尋食物方面陷入不利的境地，因爲隨著身軀的加大，食物的需要量增加了，同時得到食物的可能性卻減低了（因爲活動性能減低了）。動物到了某種一定的大小，食物的需要量就會超過牠獲取食物的能力，這就不可避免地要造成滅亡。而我們也確實看到古代的許多巨大動物一個接著一個離開了地球舞臺，只有少數留存到我們這個時代。最巨大的動物——例如巨大的恐龍（圖 93）——都是生存能力不高的，地球上遠古時代的巨大動物之所以滅亡的原因當中，上面說的定律是最主要的一個。當然，鯨魚不應該包括在裡面，因爲鯨魚是生活在水裡的，牠的體重被水對牠身上的浮力所抵消了，因此上面說的一切對牠都不適用。

圖 93　把古代巨獸移到現代都市的街道上

這裡可以提出一個問題：假如巨大的尺寸對動物的生存如此不利，為什麼動物的進化不走向逐漸縮小動物形狀的方向？原因是，形狀巨大在絕對值上終究要比微小的更強而有力，雖然相對地來說是巨大的比微小的弱。讓我們回過頭看《格列佛遊記》，可以看出，雖然巨人舉手要比格列佛困難 12 倍，但是他舉起的重量卻是格列佛的 1728 倍；把這個重量用 12 除，這樣就得到巨人肌肉能夠勝任的重量，還是相當於格列佛能夠勝任的 144 倍。可見在大小動物鬥爭當中，巨大動物占很大的優勢。但是，這個在跟敵人鬥爭當中占便宜的巨大身軀，卻在另一方面（獲取食物方面）使動物陷入不幸的境地。

10.5 哪一個更能跳？

跳蚤能夠跳到牠身長 100 倍以上的高度（達到 40 公分），這使許多人感到驚奇，時常有人提出這種看法，認為人只有當他能夠跳到 1.7 公尺 ×100，也就是 170 公尺高的時候，才能和跳蚤媲美（圖 94）。

力學的計算卻恢復了人類的聲譽。爲了簡便起見，假設跳蚤的身體跟人體幾何相似，跳蚤重 p 公斤，能跳 h 公尺高，那麼牠每跳一次就做了 ph 公斤重一公尺的功；人跳的時候所做的功卻是 PH 公斤重一公尺，這裡 P 表人體的重量，H 表所跳的高度（比較正確的說法應該是人體重心升起的高度）。因爲人的身長大約相當於跳蚤的 300 倍，因此人體的重量可以看做是 300^3p，所以人跳所做的功應該是 300^3pH。相當於跳蚤的功的

$$\frac{300^3pH}{ph}=300^3\frac{H}{h}\text{ 倍。}$$

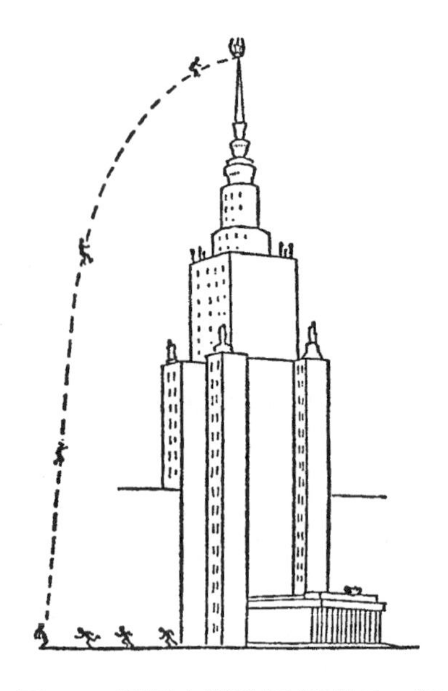

圖 94　假如人能跳得如跳蚤一樣

在做功的能力方面，我們應當認為人相當於跳蚤的 300^3 倍。因此我們有權要求人只付出跳蚤的 300^3 倍的能。但是如果 $\frac{人做的功}{跳蚤做的功}=300^3$，那麼就應該得出等式：

$$300^3 \times \frac{H}{h}=300^3$$

從而

$$H=h$$

因此，在跳躍本領上，即使人只把自己身體重心升起到和跳蚤跳起的同樣的高度，也就是 40 公分，人也可以和跳蚤相媲美。跳這麼高我們不費力就能做到，因此，我們在跳躍本領上是一點也不比跳蚤差的。

如果你認為這個計算的說服力還不夠，那就要請你注意，跳蚤在跳起 40 公分的時候，牠所升起的只是牠微不足道的重量。人呢，卻要升起 $300^3=27000000$ 倍的重量。就是說，要有 2700 萬隻跳蚤同時跳躍，所升起的重量才等於一個人的體重。應該拿來和一個人的跳躍相比的，正是這樣的跳躍——由 2700 萬隻跳蚤大軍共同進行的跳躍，較量的結果無疑地人會占到上風，因為人能跳得比 40 公分高。

現在，為什麼動物的尺寸越小，跳躍的相對值就越大，道理已經很清楚了。假如把有相同的跳躍機能（指後肢構造）的各種動物的跳躍，拿來跟牠們身體大小比較，結果就像下面的數字：

蚱蜢跳的距離是身長的 30 倍，

跳鼠跳的距離是身長的 15 倍，

鼠跳的距離是身長的 5 倍。

10.6 哪一個更能飛？

如果我們想正確地比較各種動物的飛行本領，我們應該記住：翅膀撲擊的作用是因爲有空氣的阻力才產生的；而空氣阻力的大小，如果翅膀運動的速度相同，就跟翅膀面積的大小有關。這個面積在動物尺寸加大的時候是跟動物長度的 2 次方成比例地增加的，至於牠所升起的重量（牠的體重）卻跟長度的 3 次方成比例地增加。因此翅膀上每 1 平方公分上的負載隨著飛行動物尺寸的加大而增加。《格列佛遊記》中大人國的巨鷹要在翅膀的每 1 平方公分上承受等同於普通鷹所承受的 12 倍負載，如果牠們和小人國裡承受普通鷹的負載 $\frac{1}{12}$ 的鷹相比，當然是很低性能的飛行動物了。

讓我們從想像當中的動物轉回到眞實的動物，下面是幾種飛行動物翅膀上每 1 平方公分所承受的負載大小（括弧裡的數字是動物的體重）：

昆蟲類

蜻蜓（0.9 克）……………………0.04 克

蠶蛾（2 克）……………………0.1 克

鳥　類

岸燕（20 克）……………………0.14 克

鷹（260 克）……………………0.38 克

鷲（5000 克）……………………0.63 克

從上面的數字可以看出，飛行動物越大，翅膀上每 1 平方公分所承受的負載也越大。所以很明顯，鳥類身體的增大一定有一個限度，超過這個限度，鳥就不能再用翅膀把自己維持在空中。有一些極大的鳥失去了飛行的能力，這並不是偶然的事，鳥類世界裡的這種巨人（圖 95），像有一個人高的食火雞、鴕鳥（高 2.5 公尺）或是更大的、已經滅絕的馬達加斯加地方的隆鳥[1]（高 5 公尺）就都不能飛；能飛的只有牠們身材比較小的遠祖，後來由於練習不夠，喪失了這個本領，同時得到了增加身材的可能。

圖 95　鴕鳥和已經滅絕的馬達加斯加地方的隆鳥骨骼，最左邊是用來做比較的一隻雞

1　根據最近的研究，這種鳥在 17 世紀初葉還在地球上生存過。

10.7 毫無損傷地落下

昆蟲類可以毫無損傷地從高處落下來，這個高度是我們不敢跳下去的。有些昆蟲爲了逃避追逐，常常從高高的樹枝上跳下，落到地上的時候卻一點也沒有損傷。這現象怎麼解釋呢？

原來，當一個體積不大的物體碰到障礙的時候，它的各部分幾乎馬上就停止了運動，因此不會發生一部分壓到另一部分上的事情。

巨大物體落下的時候，情形就不同了：當它碰到障礙的時候，下面部分停止了運動，而上面部分卻還在繼續運動，就對下面部分發生強烈的壓力。這就是使巨大動物的身體受到損傷的那個「震動」。

如果有 1728 個小人國的小人從樹上散落下來，受到的傷害不大；但是如果這些小人成堆落下，那麼上面的人就會把下面的人壓壞，而一個正常身材的人恰好等於 1728 個小人並在一起。此外，小動物落下時之所以沒有損傷的第二個原因是，這些動物的各個部分的撓性比較大。杆子或板越薄，在力的作用下就越容易彎曲，昆蟲在長度上跟巨大的哺乳類動物相比，只有哺乳類的幾百分之一；因此關於彈性的公式告訴我們，牠們身體的各個部分在受到碰撞的時候也就可以彎曲到幾百倍大的程度。而我們已經知道，假如碰撞是在長幾百倍的路程上作用的話，它的破壞效果也就會用同樣的倍數減弱。

☙ 10.8　樹木為什麼不長高到天頂？

德國有一句俗語說：「大自然很關心，不讓樹木長高到天頂。」讓我們來看一下，這個「關心」是怎樣做到的。

設有能夠牢牢地支持著本身重量的一株樹幹，並假設它的長度和直徑的尺寸都增加到 100 倍。這時候樹幹的體積就增加到 100^3 倍，就是 1000000 倍，同時重量也增加到同樣的倍數。樹幹的抗壓力是跟截面積成正比的，只增加到 100^2 倍，就是 10000 倍。因此每 1 平方公分的樹幹截面上這時候要受到 100 倍的負載。顯然，樹幹如果增加到這麼高，只要它的幾何形狀始終跟原來相似，這株樹就會被自己的重量所壓壞[2]。高大的樹木要想保持完整，它的粗細對高度的比就應該比低的樹木大。但是加粗的結果讓樹的重量也隨著增加，也就是，又會增加樹的下部所承受的負載。因此，大樹應該有一個極限高度，超過了這個高度樹就會被壓壞。這就是樹木「不長高到天頂」的道理。

麥稈有不尋常的強度，這也很使我們感到驚奇，例如，拿黑麥來說，麥稈只有 3 毫米粗細，卻高到 1.5 公尺。在建築技術上最細最高的建築物是煙囪，它的平均直徑 5.5 公尺，高度達到 140 公尺。這個高度一共只有直徑的 26 倍，但是在黑麥稈的情形，比值竟等於 500。當然，這裡不應該得出結論，認爲大自然的產物要比人類技術的產物完善得多。計算證明（算式很複雜，這裡不列出了），假如大自然要按照黑麥稈的條件造出一個高 140 公尺的管子，它的直徑也應該在 3 公尺左右：只有這樣這個管子才跟黑麥稈有一樣的強度，這跟人類技術所做到的並沒有很大的差別（圖 96）。

2　除非樹幹的上端減細，就像所謂「等抗力杆」的形狀。

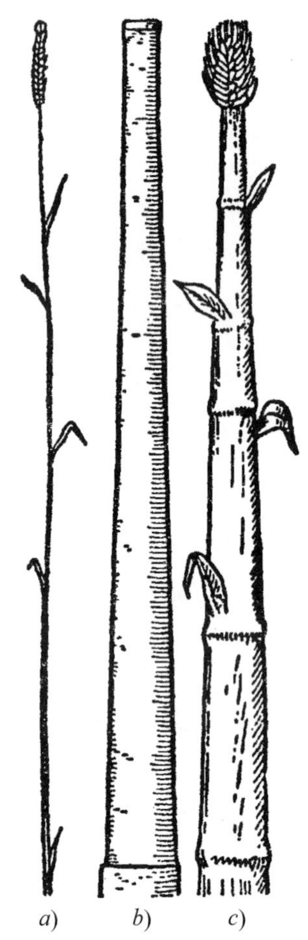

圖 96 a) 黑麥稈，b) 工廠煙囪，c) 假想中 140 公尺高的麥稈

植物在增加高度的時候，它的粗細就要不成比例地增加，這個事實不難從許多例子看出。黑麥稈的長度（1.5 公尺）等於它的粗細的 500 倍，而在竹竿的情形（高 30 公尺），這個比值是 130，在松樹（高 40 公尺）是 42，在桉樹（高 130 公尺）是 28。

10.9 摘錄伽利略的著作

讓我們從力學奠基人伽利略的著作《論兩種新科學及其數學演化》裡摘錄一段，來結束本書的這一部分。

薩爾維阿蒂：我們可以很清楚地看到，不只是人類技藝不可能無限制地增加他的創造物的尺寸，就算大自然也沒有這種可能。譬如，人們不可能建造極其巨大的船隻、宮殿和廟宇，而使它們的槳、桅杆、樑、鐵箍，總之所有各部分都能堅固地維繫著。另外，大自然也不可能產生極其巨大的樹木，因爲它的枝椏在自己極大的重量作用下終究會斷裂下來。同樣，不可能設想會有過分巨大的人骨、馬骨或別種動物的骨頭，能保持並且適應它的功用；動物要達到特別大的尺寸，牠的骨骼就應該比一般骨骼堅強得很多，要不然骨骼的樣子就應該改變，粗細上要有相當的增加，這樣的動物在構造上和形狀上就會給人一個特別肥大的印象。這一點，觀察力敏銳的詩人阿利渥斯妥在《狂暴的羅德蘭》裡就曾經指出過，他在描寫巨人的時候說：

他的高大身材使他的肢體變得這麼粗，
以致他的樣子看上去就像是一個怪物。

讓我給你看一張圖畫（圖 97），當做我剛才所談的例證，圖上一根大骨頭的長度只是一根小骨頭的 3 倍，但是粗細卻要加大這麼多倍，這根骨頭才能夠像小骨頭對於小動物那樣穩妥可靠地給大動物使用。你看，這塊加大的骨頭是多麼粗大。從這裡可以看出，誰要是想在巨人身上保留常人肢體的比例，那就得找另外一種更加方便、更加堅強的物質來構成骨頭，要不然就只有讓巨大身體的堅強度比常人還小；把尺寸加到極大，結果會使整個身體被本身重量所壓壞。反過來，我們可以看到，如果減少身體的尺寸，我們並沒有把它的強度也按比例減弱，在比較小的物體裡甚至可以看到強度的相對增高；譬如，我想一隻小狗可以背起兩隻甚至三隻同樣的狗，可是一匹馬卻不一定能夠背起哪怕是一匹同樣大小的馬。

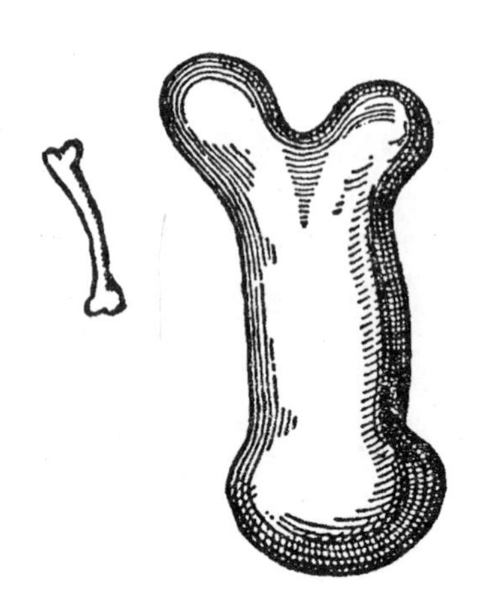

圖 97　大骨頭的長度是小骨頭的三倍，但大骨頭卻要加到這麼粗才能像小骨頭對於小動物那樣穩妥可靠地給大動物使用

辛普利丘：我有足夠的理由懷疑您方才所說的話的正確性。理由是，在魚類裡看到的巨大身軀，譬如說鯨魚[3]吧，如果我沒有記錯，牠的大小等於十隻巨象，可是牠的身軀卻仍然很好地支撐著。

薩爾維阿蒂：辛普利丘先生，您的意見使我想起剛才遺漏的一個條件，如果具備這個條件，巨人和別的巨大動物就能夠生存，並且行動也不比小動物差。這就是，與其增加用來承受本身重量和身體上連帶部分重量的骨頭和別部分的粗細和強度，不如讓骨頭的構造和比例依舊不變，卻大大減輕骨頭的重量以及連在骨頭上並被骨頭支撐著的身體各部分的物質重量。大自然在創造魚類的時候，就走這第二條路，它使魚類的骨頭和身體的各部分不但變得

3　在伽利略的時代，人們是把鯨魚列入魚類的，但實際上鯨魚是哺乳類（用肺呼吸的動物），值得注意的是鯨魚是水生動物。

很輕，而且完全消失了重量。

辛普利丘：我明白您的意思，薩爾維阿蒂先生。您的意思是，魚類是住在水裡的，水由於本身的重量，剝奪了浸在它裡面的物體的重量，因此構成魚類的物質在水裡失掉重量，可以不用骨頭的幫助就支持下來。可是，這一點我還覺得不夠，因爲雖然可以假設魚類的骨頭不需要承受身體的重量，但是構成這些骨頭的物質當然有重量，有誰能證明那一根根粗樑般大小的鯨魚肋骨沒有相當的重量，有誰能證明牠不會沉到海底去呢？根據您的理論，像鯨魚這麼大的身軀就不應該存在。

薩爾維阿蒂：爲了更好地反駁您的論據，讓我先給您提一個問題：您可曾看見過在平靜的死水裡既不沉下、又不浮起、而且一動不動的魚兒？

辛普利丘：這是大家都知道的現象。

薩爾維阿蒂：既然魚類可以一動不動地停在水裡，這就是一個不可反駁的證據，說明魚類身軀的整體在比重上跟水相等；既然魚的身體裡有些部分是比水重的，那就一定會得出結論說，另外有一些部分比水輕，這樣才能造成平衡。既然骨頭是比水重的，那麼魚肉或別的某些器官就應該比水輕，正是這些部分比較輕才剝奪了骨頭的重量。因此，水裡面的情況是和剛才談的陸生動物的情況完全相反的：陸生動物應該用骨頭來承受骨頭和肌肉的重量，而水生動物卻不但用肌肉來承受肌肉的重量，而且還由它來承受骨頭的重量。因此，極其巨大的動物在水裡可以生存，在陸上（就是在空氣裡）不能生存，是一點也不值得奇怪的。

沙格列陀：我很喜歡辛普利丘先生的議論，喜歡他所提出的問題和這個問題的解答。我從這裡得出結論，如果把這樣一條大魚拖到岸上，牠就不可能支撐多久，因爲牠的骨頭之間的連繫很快就會斷裂，整個身軀也就會垮下來了。

國家圖書館出版品預行編目 (CIP) 資料

趣味力學 / 雅科夫 · 伊西達洛維奇 · 別萊利曼著；符其珣譯 . -- 初版 . -- 臺北市：五南 , 2017.10
面； 公分
譯自：Entertaining mechanics
ISBN 978-957-11-9384-7(平裝)
1. 力學 2. 通俗作品
332 106015238

學習高手系列 120
ZC08

作　　者 – 雅科夫 · 伊西達洛維奇 · 別萊利曼（Я. И. Перельман）
譯　　者 – 符其珣
校　　訂 – 郭鴻典
發 行 人 – 楊榮川
總 經 理 – 楊士清
主　　編 – 王者香
責任編輯 – 許子萱
封面設計 – 樂可優
出 版 者 – 五南圖書出版股份有限公司
地　　址：106 台北市大安區和平東路二段 339 號 4 樓
電　　話：（02）2705-5066　傳　　真：（02）2706-6100
網　　址：http://www.wunan.com.tw
電子郵件：wunan@wunan.com.tw
劃撥帳號：01068953
戶　　名：五南圖書出版股份有限公司
法律顧問　林勝安律師事務所 林勝安律師
出版日期　2017 年 10 月初版一刷
定　　價　新臺幣 320 元